Das bietet Ihnen die CD-ROM

- **Einen Test**
  zur Selbsteinschätzung Ihrer kommunikativen Stärken.
- **Leitfäden**
  zeigen Ihnen die wichtigsten Punkte auf einen Blick, wie z. B. die sechs Kommunikationshürden. Sie können die Leitfäden ausdrucken und in schwierigen Situationen als Gedankenstütze benutzen.
- **Checklisten**
  unterstützen Sie in verschiedenen Gesprächssituationen und bei der Erledigung von Aufgaben, wie z. B. Besprechungen vorbereiten, Tagesordnungen erstellen, Protokoll führen oder Kritik konstruktiv äußern.

Checkliste: Vorbereitung von Besprechungen

Anlass	Organisation	Datum	Art der Besprechung

Ziele

- Offizielle Ziele – orientiert an Projektmeilensteinen, strategischen Zielen der Organisation
- Eigene Ziele – was will ich erreichen und worauf besonderen Wert legen?

Kontrollfragen

- Ist diese Besprechung wirklich nötig?
- Könnte ihr Ziel auf andere Weise (Telefonkonfere

Bibliografische Information der Deutschen Bibliothek
Die Deutsche Bibliothek verzeichnet diese Publikation in der Deutschen Nationalbibliografie; detaillierte bibliografische Daten sind im Internet über http://dnb.ddb.de abrufbar.

ISBN 978-3-448-09300-1
Bestell-Nr. 01304-0001

Postanschrift: Postfach, 82142 Planegg
Hausanschrift: Fraunhoferstraße 5, 82152 Planegg
Fon (0 89) 8 95 17-0, Fax (0 89) 8 95 17-2 50
E-Mail: online@haufe.de
Internet: www.haufe.de
Redaktion: Jürgen Fischer

Konzeption und Realisation: Sylvia Rein, 81371 München
Lektorat und DTP: Ulrich Leinz, 10829 Berlin; Sylvia Rein, 81371 München
Umschlaggestaltung: Kienle gestaltet, 70182 Stuttgart
Umschlagentwurf: Agentur Buttgereit & Heidenreich, 45721 Haltern am See
Druck: freiburger graphische betriebe, 79108 Freiburg

Gesprächstechniken Trainer

Christine Scharlau

Haufe

Inhalt

Test: Eigene kommunikative Stärken einschätzen 7

Die sechs häufigsten Hürden in Gesprächen vermeiden 11

- Ein Gespräch analysieren 13
- Gedacht ist nicht gesagt 16
- Gesagt ist nicht gehört 19
- Gehört ist nicht verstanden 21
- Verstanden ist nicht einverstanden 23
- Einverstanden ist nicht ausgeführt 27
- Ausgeführt ist nicht beibehalten 29

Gespräche gezielt steuern 33

- Machen Sie sich das Gesprächsziel klar 35
- Aktives Zuhören 39
- Akzeptieren Sie andere Sichtweisen 43
- Die Wirkung von Fragen 45
- So gelingen Feedbacks 56
- Beziehen Sie Position 62
- Gespräche strukturieren – Ergebnisse erzielen 65

Ihre innere Einstellung 69
- Die Wirkung auf andere kennen 71
- Selbstsicherheit stärken 75
- Fürsorglich zu sich selbst sein 77
- Grenzen wahren 81
- Die Macht der Worte bewusst machen: integres Sprechen 85

Arbeitsgespräche in Teams und Gruppen 91
- Sich in Gruppen orientieren 93
- Öffentlich sicher auftreten 95
- Besprechungen zielorientiert leiten 98

Schwierige Gespräche erfolgreich führen 103
- Kritik souverän anhören 105
- Konstruktiv Kritik üben 112
- Unangenehme Nachrichten mitteilen 118
- Was Sie bei Beschwerden tun und lassen sollten 122

Stichwortverzeichnis 126

Das ist Ihr Nutzen

Vieles wird entscheidend einfacher, wenn Sie wissen, was Sie schon können, was Ihnen leicht fällt und auf welche kommunikativen Fähigkeiten Sie sich verlassen können. Deshalb ziehen sich durch das gesamte Buch typenspezifische Hinweise, die Ihnen dazu dienen sollen, das, was Sie gut können, fest in Ihrem Bewusstsein zu verankern. Hier erhalten Sie auch Hinweise, wo Ihre Entwicklungsbereiche liegen könnten. Entsprechend werden die Übungen für Sie unterschiedliche Bedeutung haben.

Sich mit anderen Menschen zu verständigen hat eine interessante und vergnügliche Seite. Wenn Sie diese für sich entdecken, werden Sie bessere Gesprächsergebnisse erhalten und mehr Arbeitsfreude gewinnen. Manche Themen werden Ihnen mehr liegen als andere: Üben Sie auch das, was Ihnen weniger liegt, doch bearbeiten Sie die für Sie schwierigeren Themen in kleineren Schritten, zunächst nur die kleinstmögliche Übungseinheit; entwerfen Sie etwa eine Beispielformulierung, spielen Sie eine Situation im Kopf durch. Nutzen Sie für noch ungewohnte Verhaltensweisen unspektakuläre Alltagssituationen. Es ist leichter, sich da auszuprobieren, wo Sie nicht viel verlieren können, z. B. wenn Sie Kunde sind.

Berufliche Gespräche sicher zu führen lernen Sie dadurch, dass Sie es tun. Nutzen Sie deshalb in Ihrem beruflichen Alltag jede Möglichkeit, praktisch zu üben!

Test: Eigene kommunikative Stärken einschätzen

Schätzen Sie sich mit folgendem Test selbst ein und machen Sie sich damit klar,

- was Ihre Stärken in Gesprächen sind,
- welche Bereiche Sie weiterentwickeln wollen und
- wo beim Training mit diesem Buch Ihr Schwerpunkt liegen soll.

Greifen Sie auf Ihre Erfahrungen in beruflich veranlassten Gesprächen zurück: Erinnern Sie sich daran, was Ihnen in Gesprächen leicht fällt oder welche Art von Gesprächen Ihnen mühelos gelingt, erinnern Sie sich an die Ergebnisse, die Sie in Gesprächen unterschiedlicher Art erzielt haben und denken Sie auch an das, was Sie von anderen über Ihre Fähigkeit, Gespräche zu führen, gehört haben.

Die Skalen zu den einzelnen Aussagen für Ihre Selbsteinschätzung reichen von 0 bis 10, dabei bedeutet 0 „trifft überhaupt nicht zu" und 10 „trifft ganz und gar zu". Wenn Sie sich beispielsweise in der Mitte platzieren, würde das heißen „trifft in der Hälfte der Fälle zu". Bitte positionieren Sie sich auf den beiden nächsten Seiten auf jeder Skala in Bezug auf Ihre beruflichen Gespräche:

1 Ich kann anderen etwas so erklären, dass sie genau verstehen, was ich meine.

1									10

2 Wenn ich Aufgaben delegiere, bekomme ich genau die Arbeitsergebnisse, die ich mir vorgestellt habe.

1									10

3 Ich weiß genau, was mein Vorgesetzter von mir erwartet.

1									10

4 Ich weiß von anderen, dass ich gut zuhören kann.

1									10

5 Vor jedem Gespräch mache ich mir klar, welches Ziel ich damit verfolge.

1									10

6 Ich bereite mich auf schwierige Gespräche gründlich vor.

1									10

7 Vor einem wichtigen Gespräch überlege ich, was meine Gesprächspartner brauchen, um mich verstehen zu können.

1									10

8 Meine eigenen Anliegen und Interessen kann ich klar und sicher vertreten.

1									10

9 Ich kann in Gesprächen die sachliche von der emotionalen Ebene unterscheiden.

1									10

10 Falls ich verbal angegriffen werde, kann ich auf unterschiedliche Weise reagieren.

1									10

11 Ich kann eine Besprechung mit mehreren Personen so leiten, dass am Ende allen das erarbeitete Ergebnis klar ist.

1									10

12 Wenn ich kritisiert werde, bin ich interessiert daran zu hören, wie ich wirke und was ich an meiner Arbeit verbessern kann.

1									10

13 Wenn sich andere im Eifer einer Auseinandersetzung emotional äußern, nehme ich das nicht persönlich.

1									10

14 Ich akzeptiere die Bedürfnisse und Interessen meiner Gesprächspartner, auch wenn ich sie inhaltlich nicht billige.

1									10

15 Ich scheue mich nicht, jemanden zu kritisieren, damit die Arbeitsergebnisse besser werden.

1									10

16 Ich gehe freundlich mit mir selbst um und spreche in meinen inneren Selbstgesprächen ermutigend mit mir.

1									10

17 Ich kann meine Arbeitsergebnisse sicher präsentieren.

1									10

18 Wenn ich feststelle, dass andere Menschen anders denken, reden und verstehen als ich, werde ich neugierig und will verstehen, wie sie „funktionieren".

1									10

Auswertung

Schauen Sie jetzt, wo sich Ihre Extremwerte befinden: Wo Sie nahe bei 10 angekreuzt haben, liegen Ihre Stärken. Würdigen Sie sie. Die Aussagen, bei denen Ihre Kreuze nahe bei 1 liegen, können auf Entwicklungsfelder hinweisen. Entscheiden Sie, wo Sie sich verbessern wollen.

Die sechs häufigsten Hürden in Gesprächen vermeiden

In diesem Kapitel erfahren Sie,

- wie Sie Ihre kommunikativen Grundfähigkeiten – nämlich das Sprechen und das Zuhören – wahrnehmen und verbessern können,
- was die häufigsten Hürden in Gesprächen sind und
- wie Sie diese vermeiden.

Darum geht es in der Praxis

Sprechen und Zuhören sind die Basisfähigkeiten verbaler Kommunikation. Als erwachsener berufstätiger Mensch üben Sie diese Fähigkeiten schon seit einigen Jahren aus. Der Hebel, mit dem Sie Ihre Gesprächskompetenz deutlich verbessern können, liegt im Verfeinern dieser beiden Grundfertigkeiten. In diesem ersten Kapitel können Sie sich ein genaueres Verständnis erschließen und Grundlagenwissen auffrischen, das Ihnen hilft, Gespräche künftig besser zu steuern.

Genau betrachtet ist es geradezu verwunderlich, wenn Verständigung reibungslos funktioniert, wo es doch so viele Hürden gibt, an denen sie scheitern kann. Ein dem Verhaltensforscher Konrad Lorenz zugeschriebenes Zitat, das ich erweitert habe, fasst diese Verständigungshürden prägnant zusammen:

- Gedacht ist nicht gesagt,
- gesagt ist nicht gehört,
- gehört ist nicht verstanden,
- verstanden ist nicht einverstanden,
- einverstanden ist nicht ausgeführt,
- ausgeführt ist nicht beibehalten.

Die folgenden Übungen beziehen sich auf diese Stolpersteine auf dem Weg zur Verständigung und begründen sie Satz für Satz.

Ein Gespräch analysieren

Warum waren Sie nicht zufrieden?

Übung 1
10 min

Als Einstieg erinnern Sie sich bitte an ein Gespräch, das Sie in Ihrem beruflichen Alltag geführt haben und das nicht zu Ihrer Zufriedenheit verlaufen ist. Der Anlass für das Gespräch könnte eine Frage, die Sie gestellt, oder ein mündlicher Auftrag, den Sie erteilt haben, gewesen sein.

Überlegen Sie, warum Sie mit dem Ergebnis nicht zufrieden waren. Schreiben Sie mögliche Ursachen auf, die dazu beigetragen haben könnten, dass die Situation nicht in Ihrem Sinn gelungen ist. Notieren Sie auch die Folgen der analysierten Ursachen. Schreiben Sie zusätzlich auf, an welchem Verhalten Ihres Gegenübers Ihnen das Misslingen Ihrer Kommunikationsabsicht deutlich geworden ist.

Praxistipps

Das Sender-Empfänger-Modell

Gerade im Berufsleben geht es vorrangig darum, mit Worten etwas zu bewirken. Kommunikation ist dann erfolgreich, wenn das intendierte Handeln schließlich auch eintritt. Sie haben Ihre Kommunikationsabsicht erreicht, wenn Sie sagen „Gib mir mal bitte die Akte Luxemburg" und der Adressat dieses Satzes reicht sie Ihnen herüber. Wenn jedoch eine S-Bahn am Gebäude vorbeifuhr oder das Telefon klingelte, während Sie sprachen, wenn Ihr Adressat Sie also nicht hören konnte oder abgelenkt war, hatte Ihr Kommunikationsversuch keinen Erfolg.

Dieses Beispiel zeigt zwei Klassen von Beteiligten: diejenigen, die etwas sagen und erreichen wollen – und diejenigen, die hören und darauf reagieren (sollen). Aus Ihren Kommunikationstrainings oder aus der Schule wird Ihnen diese Einteilung unter dem Namen „Sender-Empfänger-Modell" bekannt sein. Das Gesagte wird als Nachricht bezeichnet, die der Sender durch Sprechen (verbal) sowie durch Gestik, Mimik und Tonfall (nonverbal) an einen oder mehrere Empfänger abschickt.

In einem Gespräch wechseln beide Rollen und werden gleichzeitig wahrgenommen: Während Sie eine Nachricht kundtun, nehmen Sie die Nachricht Ihres Gegenübers auf, z. B. aufmunternde oder desinteressierte Blicke. Das Abwechseln beider Rollen, des Senders und Empfängers von Nachrichten, geschieht unwillkürlich und sehr schnell.

Sender → Nachricht → Empfänger

Empfänger ← Rückmeldung ← Sender

Sie sind mitverantwortlich für das, was Sie hören

Die Äußerungen in Gesprächen werden sowohl vom Sender als auch vom Empfänger modelliert. Die Bedeutung einer Nachricht im persönlichen Umgang ist nicht eindeutig festgelegt, sondern stark kontextabhängig: Wer etwas wie, in welcher Umgebung, mit welcher Vorgeschichte und wann zu wem sagt, erzeugt vielfältige Unterschiede.

Der Satz „Sind Sie fertig?" kann, je nach Kontext und mitgesendeten nonverbalen Zeichen, geradezu gegenteilig ausgesprochen und aufgefasst werden: nämlich mit der Bedeutung „Sind Sie schon fertig?" oder „Sind Sie endlich fertig?". Diese Abhängigkeit von Begleitumständen ist der Grund für die Störanfälligkeit von Kommunikation. Die Begleitumstände verteilen sich auf alle am Gespräch beteiligten Menschen. Gesprächspartner können einander nicht in den Kopf schauen, folglich können sie oft nicht wissen und einschätzen, in welcher (inneren) Lage sich ihr Gegenüber befindet. In diesem Buch wird immer wieder auf die unterschiedlichen Blickwinkel der Gesprächspartner eingegangen, auf das notwendig beschränkte Wissen, das Gesprächsteilnehmer voneinander haben.

Gedacht ist nicht gesagt

Informationen geben – und einholen

Übung 2
5 min

Frau Brose, die Inhaberin eines größeren Herrenausstatter-Geschäfts, möchte die Kundschaft langfristig an ihr Unternehmen binden und legt deshalb Wert auf gute persönliche Beratung. Um ihr Team zu verjüngen, hat sie kürzlich Herrn Martinov eingestellt, der 24 Jahre alt und noch etwas schüchtern ist. Er arbeitet jetzt seit einer Woche im Geschäft; ob seine Chefin mit seiner Art, die Kunden zu bedienen, zufrieden ist, weiß er nicht. Frau Brose schätzt seinen unaufdringlichen Umgang mit den Kunden, hat aber bemerkt, dass er einige Gelegenheiten nicht wahrgenommen hat, aktiv passende Ware zum Kombinieren anzubieten.

Versetzen Sie sich in die Situation von Frau Brose und Herrn Martinov. Schreiben Sie nun in Stichworten auf, was jeweils aus der Perspektive der Chefin und des Verkäufers zu tun ist, damit einerseits Frau Brose mit der Arbeitsleistung von Herrn Martinov zufriedener wird und andererseits Herr Martinov Klarheit darüber bekommt, wie seine Leistung eingeschätzt und was von ihm erwartet wird.

Lösung

In einer solchen Situation geht es darum, dass die Beteiligten miteinander ins Gespräch kommen. Frau Brose bemerkt, dass Herr Martinov nicht von sich aus Kunden auf Bekleidungskombinationen hinweist. Sie muss es ihm sagen. Herr Martinov weiß nicht, ob seine Chefin mit seiner Kundenberatung zufrieden ist. Er muss sie fragen. Wenn keiner der beiden die Initiative zu einem Gespräch ergreift – die eine vielleicht, weil so viel anderes zu tun ist, der andere, weil er sich nicht traut –, kann Ärger entstehen: auf Seiten der Chefin, wenn sie immer wieder sieht, dass ihr Verkäufer etwas unterlässt, was ihr wichtig ist, auf der Seite des Angestellten, wenn seine Chefin irgendwann unkontrolliert reagiert und ihm Vorwürfe macht.

Praxistipps

Gedacht ist nicht gesagt: Klarheit schaffen

- **Aus der Senderperspektive**: Sprechen Sie aus, was andere wissen müssen, um ihre Arbeit nach Ihren Vorstellungen zu erledigen.
- **Aus der Empfängerperspektive**: Fragen Sie nach, wenn Sie nicht sicher sind, was von Ihnen erwartet wird.

Was einfach klingt, ist manchmal gar nicht so leicht. Häufig wird etwas nicht ausgesprochen oder hinterfragt, weil es selbstverständlich zu sein scheint. Achten Sie auf die nächste Unklarheit in einem Gespräch, die entsteht, weil etwas *nicht* gesagt wurde. Damit schärfen Sie Ihr Verständnis für die

Bedeutsamkeit ungenannter Voraussetzungen. Wenn dann in wichtigen Gesprächen Missverständnisse auftreten, können Sie schneller überprüfen, ob die aktuelle Verständigungshürde aufgrund einer nicht ausgesprochenen scheinbaren Selbstverständlichkeit entstanden ist.

Schweigsamkeit als Kommunikationshürde

Die Aussage „gedacht ist nicht gesagt" beinhaltet noch eine weitere Art von Verständigungshürde: Manche Menschen neigen dazu, zwar intensiv zu denken, aber wenig zu sprechen. Dies führt bisweilen dazu, dass etwas Wichtiges unbeabsichtigt nicht ausgesprochen wird.

- **Aus der Senderperspektive betrachtet:** Neigen Sie dazu, nur das Notwendigste zu sagen, Ihnen Selbstverständliches nicht zu wiederholen? Missverständnisse und Zeitverlust bei wichtigen Angelegenheiten lassen sich oftmals dadurch vermeiden, dass Sie andere an etwas erinnern, auch wenn Sie es für selbstverständlich halten. Schauen Sie Ihr Gegenüber an und stellen Sie innerlich bewusst um von Denken auf Kommunizieren.
- **Aus der Empfängerperspektive betrachtet:** Sie arbeiten mit Menschen zusammen, die häufiger mit ihrer inneren Welt beschäftigt sind als mit der äußeren? Und Sie bekommen oft zu hören, dass man Ihnen etwas Bestimmtes doch schon gesagt habe? Fragen Sie aus eigener Initiative nach. Schlimmer als die Antwort „Das habe ich doch schon gesagt" ist es, hinterher zu hören „Da hätten Sie eben fragen sollen."

Gesagt ist nicht gehört

Informationsfluss sichern

Übung 3
4 min

Gerade bei Mitteilungen von mittlerem Wichtigkeitsgrad besteht die Gefahr, aus dem Auge zu verlieren, dass nicht alle, die das Thema anging, anwesend waren. Um zu hören, was ein anderer gesagt hat, müssen Sie aber anwesend sein – physisch und mental. Diese Bedingung ist nicht trivial. Wenn nämlich Anwesenheit fälschlich vorausgesetzt wird, können Irritationen und Missverständnisse entstehen.

Ein Beispiel: Arne Kraus sitzt mit Kollegen am Mittagstisch. Eine Kollegin erwähnt den bevorstehenden Betriebsausflug. Herr Kraus: „Seit wann steht denn der Termin fest?" Die Kollegin antwortet: „Der wurde auf der Sitzung am Montag besprochen, du warst doch dabei." Herr Kraus: „Nein, war ich nicht. Ich war beim Kunden." Welche kommunikativen Anforderungen illustriert das Beispiel? Beschreiben Sie aus der Sender- und aus der Empfängerperspektive, was zu tun ist, um einen ausreichenden Informationsfluss sicherzustellen.

Lösung

Wenn Sie auf einen vollständigen Informationsfluss angewiesen sind, gehen Sie am besten folgendermaßen vor:

Senderperspektive	Empfängerperspektive
▪ Stellen Sie sich die Kontrollfragen: „Wissen alle davon, die es wissen müssen?", „Sind alle hier, die es betrifft?". ▪ Sorgen Sie bei wichtigen Informationen dafür, dass alle Nichtanwesenden anderweitig erreicht werden. ▪ Stellen Sie dies durch einen Kontrollschritt sicher (z. B. Umlauf mit Abzeichnung, terminierte Antwortmail).	▪ Informieren Sie sich aktiv, was in Ihrer Abwesenheit besprochen und beschlossen wurde. ▪ Im Beruf ist Information keine Bring-, sondern eine Holpflicht.

Praxistipp

Nicht allein dadurch, dass Menschen sich im gleichen Raum und in Hörweite aufhalten, ist gesichert, dass sie hören, was gesagt wird. Viele Gründe können ihre Aufmerksamkeit anders steuern: Wenn sie innerlich mit anderem beschäftigt sind, hören sie nicht zu. Wenn es Ihnen wichtig ist, dass Ihre Information die Empfänger sicher erreicht, ist es nützlich, sich die Hürde „Gesagt ist nicht gehört" in Erinnerung zu rufen.

Gehört ist nicht verstanden

Der richtige Umgang mit Arbeitsanweisungen

Übung 4
10 min

Sind Sie der Sender einer Nachricht, ist es notwendig, sich zu vergewissern, was die anderen verstanden haben. Überprüfen Sie die Voraussetzungen Ihrer Zuhörer und klären Sie im Zweifelsfall, ob Sie wirklich über denselben Sachverhalt, dieselbe Person sprechen. Wenn Sie der Empfänger einer Nachricht und sich nicht sicher sind, ob Ihr Gegenüber gemeint hat, was Sie verstanden haben, sollten Sie unbedingt nachfragen. Ein Beispiel: In einem Meeting hören Sie die Aufforderung Ihres Chefs: „Haben Sie ein Auge auf die einschlägige Fachpresse!" Schreiben Sie nun detailliert auf, was Sie darunter verstehen.

Lösung

Folgendes könnte sinnvoll sein zu präzisieren:

- Wer von den Anwesenden soll die Aufgabe übernehmen? Sie allein? Alle Anwesenden?
- Um welche Publikationen handelt es sich im Einzelnen?
- Für welchen Zeitraum gilt diese Anweisung? Bis zur nächsten Sitzung oder bis zum Ende des Projekts? Ist es eine Daueraufgabe?
- Welches Handeln soll daraus folgen? Sich selber auf dem Laufenden zu halten, Kollegen zu informieren oder dem

Chef zu berichten? Soll dies regelmäßig geschehen oder nur, wenn Ihnen etwas besonders wichtig für Ihr Unternehmen erscheint?

- Wissen Sie, welches Ziel mit dem Auftrag verbunden ist?

So viel Präzisierung findet meistens nicht statt. Aus gutem Grund: Geteilte – oder vermeintlich geteilte – Selbstverständlichkeiten werden häufig nicht ausgesprochen, um Energie und Zeit zu sparen. Dies funktioniert jedoch nur, wenn alle Beteiligten von identischen Voraussetzungen ausgehen.

Praxistipps

Wir neigen dazu, die eigenen Selbstverständlichkeiten auch bei anderen zu unterstellen, ohne uns darüber im Einzelnen klar zu sein. Wenn Gesprächsteilnehmer dieselben Annahmen voraussetzen, gelingt die Verständigung. Ist dies nicht der Fall, ist Missverstehen programmiert. Sobald Sie darauf bewusst achten, werden Sie täglich in Gesprächen unterschiedliche Bedeutungszuschreibungen und Gewichtungen wahrnehmen.

Manche Menschen befürchten, sich durch Nachfragen bloßzustellen, besonders wenn sie sich noch unsicher fühlen. Die Außenwirkung ist jedoch meist gegenteilig, denn rechtzeitiges Nachfragen beugt Zeitverschwendung vor. Das wissen gute Führungskräfte zu schätzen. Sie können Ihre Nachfrage auf verbindliche Art einleiten, z. B. so: „Ich möchte mich gern vergewissern, ob ich Sie richtig verstanden habe."

Verstanden ist nicht einverstanden

Zwischen Verstehen und Einverständnis unterscheiden

Übung 5
10 min

Die beiden Protagonisten aus dem Beispiel „Kundenberatung" aus Übung 2 haben ihre Differenzen zum Teil geklärt: Ein Grund für die Unstimmigkeiten war die zeitweise physische Abwesenheit von Herrn Martinov. Frau Brose hatte nämlich auf einer internen Fortbildung die Art der Kundenberatung erläutert, die sie von ihrem Personal erwartet. Ihr war allerdings nicht gegenwärtig, dass Herr Martinov dabei nur zeitweise anwesend sein konnte. Herr Martinov fragt seine Chefin, was er auf der Fortbildung, die er vorzeitig verlassen musste, inhaltlich verpasst hat. Sie verabreden deshalb ein Gespräch zu zweit zum Thema Kundenberatung.

Frau Brose erläutert im Gespräch mit Herrn Martinov die Art, Kunden zu beraten, die sie erwartet, und macht Herrn Martinov Verbesserungsvorschläge für seine Art, Kunden zu beraten: Er möge aus eigener Initiative mehr Alternativvorschläge machen, und zwar solche, die zum Stil der Kunden passen. Danach vergewissert sie sich, ob er ihre Vorschläge verstanden hat. Herr Martinov gibt das, was Frau Brose sich vorstellt, in seinen Worten zu ihrer Zufriedenheit wieder.

Notieren Sie nun in Stichworten, wie der nächste Gesprächsschritt aus der jeweiligen Perspektive der Gesprächspartner aussehen könnte.

Lösung

An das skizzierte Gespräch zwischen Frau Brose und Herrn Martinov sollte sich folgender Schritt anschließen: Frau Brose vergewissert sich, ob Herr Martinov ihre Sicht teilt. Was hält er von ihren Vorschlägen, wie kann er sie umsetzen? Wenn er Einwände hat, was wäre ein Vorgehen, das seine innere Zustimmung fände? Herr Martinov bringt seine Bedenken zum Ausdruck und erklärt, welche Schwierigkeiten er sieht. Das könnte so aussehen:

- Frau Brose bemerkt an der Art, wie Herr Martinov das Geforderte schildert, seine Skepsis und fragt ihn nach seiner Einstellung dazu.
- Herr Martinov erklärt Frau Brose, dass er bezweifelt, ihre Anforderungen umsetzen zu können. Er erläutert ihr, dass er bei Kunden schon schlechte Erfahrungen mit aktiven Vorschlägen gemacht hat und befürchtet, aufdringlich zu wirken.
- Gemeinsam erarbeiten Frau Brose und Herr Martinov nun ein Beratungsverhalten, das seinem Umgangsstil eher entspricht: Seine Stärke ist es, zu fragen und genau herauszuhören, was Menschen sich wünschen; diese Fähigkeit soll er verstärkt einsetzen. Außerdem wird er eine Fortbildung zu den Themen Stil und Farbtypen besuchen, um sicherer zu werden.

Praxistipps

Einverständnis in Handeln umsetzen

Wenn Sie sich vergewissert haben, dass Sie verstanden haben, was Ihr Gegenüber Ihnen mitgeteilt hat, oder dass Sie verstanden worden sind, ist ein Gespräch, das etwas bewirken soll, noch nicht vollständig. Zumindest im Berufsleben geht es weiter, Kommunikation ist kein Selbstzweck. Fördern Sie das Umsetzen Ihrer Absichten in Handeln und verschaffen Sie sich zunächst die Sicherheit, dass Ihr Gegenüber das, was zu tun ist, so sieht wie Sie.

- **Aus der Senderperspektive:** Überprüfen Sie, ob die Zustimmung Ihres Gesprächspartners „Ja, verstanden" oder „Ja, einverstanden" heißt.
- **Aus der Empfängerperspektive:** Teilen Sie mit, was Ihre Zustimmung konkret bedeutet.

Bedenken und Einwände herausfinden

Verstehen ist schon viel, doch allein damit ist es nicht getan. Es wird nichts (oder zu wenig) geschehen, wenn jemand Sie zwar sachlich versteht, aber nicht der Ansicht ist, dass auch geschehen sollte, was Sie vorschlagen oder fordern. Bestenfalls erreichen Sie halbherziges Handeln. Nur wenn es Ihnen gelingt, Ihren Gesprächspartner zu überzeugen, wird er offensiv vertreten, was Sie anstreben, und selbst dafür sorgen, dass es beibehalten wird. Dieser Aspekt ist besonders bedeutsam, wenn Sie mit hierarchisch untergeordneten Menschen sprechen. Angst vor negativen Konsequenzen, falsch verstandene Anpassungsbereitschaft und generell die Angst vor Veränderung bringt Menschen, die sich abhängig fühlen, dazu, ihre Einwände nicht oder nicht deutlich genug zu äußern. Damit geht dem Unternehmen eine wertvolle Perspektive verloren und es werden Lösungsmöglichkeiten verpasst, die erst durch die Auseinandersetzung mit beiden Perspektiven entwickelt werden können:

- Fragen Sie interessiert und neugierig, was Ihre Gesprächspartner von Ihren Vorschlägen halten. Wenn Sie Vorgesetzter oder Vorgesetzte sind, geben Sie sich nicht mit förmlicher Zustimmung zufrieden, sondern interessieren Sie sich dafür, was die Menschen, die Sie anleiten, wirklich denken. Schätzen Sie das Verbesserungspotential, das in Bedenken und Einwänden liegt. Es gibt oft gute Gründe für Vorbehalte. Die Realität ist so komplex, dass niemand alle Auswirkungen allein überblicken kann. Und denken Sie daran: Niemand weiß über die Zustände in Ihrer Organisation besser Bescheid als Ihre Mitarbeiter.
- Tun Sie eindeutig kund, ob Sie dem, was Ihr Gegenüber gesagt hat, inhaltlich zustimmen oder ob Sie es ablehnen. Wenn Sie nicht einverstanden sind, sollten Sie Ihre Einwände und Bedenken äußern. Werben Sie dafür, dass diese berücksichtigt werden. Und halten Sie sich vor Augen: Erst aus der Vielfalt der Perspektiven aller Beteiligter entstehen für die gesamte Organisation gute Lösungen.

Einverstanden ist nicht ausgeführt

Vereinbarungen umsetzen

Übung 6
10 min

Im Gespräch mit Herrn Martinov hat Frau Brose mit ihm verabredet, wie er seine persönliche Art, Kunden zu beraten, zukünftig noch verbessern kann. Nun kommt es darauf an, die Vereinbarungen im Arbeitsalltag umzusetzen.

Schreiben Sie in Stichworten auf, wie der nächste Schritt im obigen Beispiel aus der jeweiligen Perspektive beider Gesprächspartner aussehen könnte. Wie sollten Frau Brose und Herr Martinov am besten vorgehen, um ihre Ziele zu erreichen?

Lösung

Frau Brose nimmt in ihre Agenda auf, Herrn Martinov bei mindestens zwei Beratungsgesprächen wöchentlich zu beobachten. Außerdem will sie ihn nach seiner Fortbildung fragen, was er gelernt hat. Herr Martinov bittet Frau Brose, ihm einmal pro Woche direktes Feedback zu seinen Kundengesprächen zu geben. Er wird sich selbst ein Fortbildungsseminar aussuchen.

Praxistipps

In diesem Abschnitt ist deutlich geworden: Einverständnis allein reicht nicht. Jedenfalls dann nicht, wenn es um Ergebnisse, insbesondere Geschäftsergebnisse geht. Letztlich geht es ja um das Handeln, wenn Sie etwas erreichen oder verändern wollen – ob es nun Ihre Mitarbeiter oder Ihre eigene Person betrifft. Da Menschen aber dazu neigen, das Gewohnte beizubehalten, erfordert jede Verhaltensänderung besondere Aufmerksamkeit.

- **Aus der Senderperspektive betrachtet:** Fragen Sie sich selbst, was der erste Schritt zur Umsetzung ist. Fragen Sie Ihren Gesprächspartner dasselbe. Überlegen Sie, wie Sie diesen Schritt unterstützen können, vor allem, wenn Sie Führungsverantwortung tragen. Das heißt nicht, dass Sie selbst einen Teil der Arbeit erledigen sollten, sondern dass Sie Vorbereitung und Durchführung begleiten, damit getan werden kann, was Ihnen wichtig ist. Vereinbaren Sie konkret, was wann durchgeführt wird.
- **Aus der Empfängerperspektive betrachtet:** Fragen Sie sich selbst, was der erste Schritt zur Umsetzung ist. Fragen Sie Ihren Gesprächspartner dasselbe. Überlegen Sie, ob Ihr Gesprächspartner Sie unterstützen kann. Scheuen Sie sich nicht, Vorgesetzte um Hilfe bei der Umsetzung zu bitten. Das gehört zu deren Aufgaben. Verabreden Sie etwas, was realistisch möglich ist. Wenn Sie aktiv fragen, werden Sie sich wundern, wie viele Menschen, auch Kollegen und Vorgesetzte, zur Unterstützung bereit sind.

Ausgeführt ist nicht beibehalten

Gesprächsergebnisse sichern

Übung 7
10 min

Frau Brose hat mit Herrn Martinov besprochen, wie er seine persönliche Art, Kunden zu beraten, zukünftig verbessern kann. Sie haben dazu ganz konkrete Umsetzungsschritte vereinbart. Was ist jetzt noch nötig? Erinnern Sie sich nochmals an die Vereinbarungen zwischen Frau Brose und Herrn Martinov, die in der Lösung zu Übung 6 beschrieben sind. Notieren Sie nun in Stichworten, wie die Komplettierung des Gesprächs aus der jeweiligen Perspektive beider Gesprächspartner aussehen könnte.

Lösung

Zum Gespräch zwischen Frau Brose und Herrn Martinov gehört eine Nachbereitung, die sicherstellt, dass die verabredeten Schritte auch längerfristig umgesetzt werden: Frau Brose vereinbart mit Herrn Martinov ein nächstes Gespräch in sechs Wochen, in dem sie gemeinsam seine Erfahrungen und Fortschritte auswerten wollen. Sie notiert sich einen möglichen Termin und dazu den Vermerk, Herrn Martinov spätestens dann danach zu fragen, welches Fortbildungsseminar er gebucht hat. Herr Martinov schreibt sich in seinen Kalender, in den nächsten sechs Wochen Frau Brose einmal wöchentlich nach ihrem Feedback zu fragen. Er notiert auf seiner To-Do-Liste, noch heute mit der Suche nach Fortbildungsinformationen zu beginnen und eine Freundin anzurufen, die ihm von einem Seminar erzählt hat, das passen könnte.

Praxistipps

Kontrollieren Sie die Umsetzung von Vereinbarungen

Kontrolle und Selbstkontrolle sichern Gesprächsergebnisse, sie unterstützen und machen wahrscheinlicher, dass angestrebte Ziele erreicht werden. Kontrolle gibt Orientierung: Sind die Arbeitsergebnisse in Ordnung, ist das für alle Beteiligten entlastend, sind sie es noch nicht, ist das Anlass, darüber nachzudenken, wie das gewünschte Ergebnis erreicht werden kann oder ob es Gründe gibt, die Bedingungen zu überprüfen und eventuell die Vorgaben zu ändern.

Senderperspektive	Empfängerperspektive
▪ Sichern Sie Gesprächsergebnisse, indem Sie vereinbaren, wann die Ergebnisse ausgewertet werden. ▪ Legen Sie einen Termin für diese Nachbesprechung fest.	▪ Sichern Sie Gesprächsergebnisse, indem Sie das, was Sie dafür zu tun haben, in kleine Schritte unterteilen und terminieren. ▪ Bitten Sie diejenigen, die am Ergebnis Ihrer Arbeit interessiert sind (Kollegen, Vorgesetzte) um Feedback. ▪ Vereinbaren Sie einen Termin, zu dem Sie das Erreichte besprechen und bewerten.

Wenden Sie Ihr Wissen an

Warum Gespräche scheitern

Übung 8
10 min

Schauen Sie nun noch einmal nach, was Sie sich zur ersten Übung dieses Kapitels, in der Sie ein gescheitertes Gespräch analysieren sollten, notiert haben. Ordnen Sie die Ursachen, die Sie für das Misslingen gefunden haben, den hier beschriebenen sechs Hürden der Kommunikation zu.

Praxistipps

Zum raschen Nachschlagen dient die folgende Tabelle. Hier sind alle sechs Kommunikationshürden zusammengefasst und Empfehlungen, wie man sie überwinden kann.

Hürde	Senderperspektive	Empfängerperspektive
Gedacht ist nicht gesagt.	Sprechen Sie aus, was andere wissen müssen, um ihre Arbeit nach Ihren Vorstellungen erledigen zu können.	Fragen Sie nach, wenn Sie nicht sicher sind, was von Ihnen erwartet wird.
Gesagt ist nicht gehört.	Vergewissern Sie sich, was die anderen gehört haben.	Besorgen Sie sich die Informationen, die Sie verpasst haben.

Hürde	Senderperspektive	Empfängerperspektive
Gehört ist nicht verstanden.	Vergewissern Sie sich, was die anderen verstanden haben.	Sagen Sie, was bei Ihnen angekommen ist.
Verstanden ist nicht einverstanden.	Überprüfen Sie, ob die Zustimmung „Ja, verstanden" oder „Ja, einverstanden" heißt.	Teilen Sie mit, was Ihre Zustimmung bedeutet.
Einverstanden ist nicht ausgeführt.	Verhelfen Sie Ihren Zielen zur Umsetzung.	Sagen Sie, was Sie zur Umsetzung brauchen.
Ausgeführt ist nicht beibehalten.	Unterstützen Sie durch Kontrolle.	Schaffen Sie sich Selbstkontrollen, besonders bei neuen Aufgaben.

Gespräche gezielt steuern

In diesem Kapitel erfahren Sie,

- wie Sie mit klarer Zielsetzung und einfacher Strukturierung gute Gesprächsergebnisse erreichen,
- wie Sie durch aktives Zuhören und die Würdigung anderer Sichtweisen ein tieferes Verständnis entwickeln und
- wie Sie durch verschieden Frageformen zu den Informationen kommen, die Sie benötigen.

Darum geht es in der Praxis

In diesem Kapitel trainieren Sie Basisfertigkeiten der Gesprächsführung, die Sie in jedem zielorientierten Gespräch nutzen können.

Einige dieser Verfahren werden Sie kennen und praktizieren, denn schließlich sind Gespräche das am häufigsten eingesetzte Medium im Beruf.

Überprüfen und testen Sie, welche Techniken Ihnen in beruflichen Gesprächen bereits geläufig sind und welche Sie künftig genauer und intensiver einsetzen wollen.

Machen Sie sich das Gesprächsziel klar

Eine Besprechung vorbereiten

Übung 9
10 min

Selbst wenn Sie bisher noch an keiner Fortbildung teilgenommen haben, die „Gespräche vorbereiten" zum Thema hatte, so haben Sie aber Gespräche geführt, möglicherweise auch Besprechungen geleitet, und dabei erfahren, was sich förderlich und was sich hinderlich auswirkt

Bitte notieren Sie, wie Sie eine Besprechung vorbereiten oder vorbereiten würden, die Sie einberufen und leiten.

Lösung

- Klären Sie für sich das Ziel der Besprechung, sodass Sie wissen,
  - warum Sie sich mit diesen Teilnehmern zu einer Besprechung zusammensetzen,
  - was Sie damit erreichen wollen und
  - was für Sie ein gutes Besprechungsergebnis wäre.
- Machen Sie allen Beteiligten das Ziel der Besprechung klar und versetzen Sie Ihre Gesprächspartner in die Lage, aktiv an einem guten Ergebnis mitzuwirken. Verschicken Sie dazu eventuell vorab eine Agenda bzw. Tagesordnung und Unterlagen.

- Bringen Sie sich selbst in einen guten Zustand, der hilfreich für Ihre Ziele ist. Nur wenn Ihnen selbst klar ist, was Sie wollen, und Sie das auch innerlich unterstützen, können Sie die Gesprächsziele engagiert vertreten.

Außerdem ist es nötig,

- den Zeitpunkt der Besprechung so zu terminieren, dass alle, die für das Ergebnis gebraucht werden, teilnehmen können,
- die Zeitdauer realistisch zu begrenzen, sodass alle Beteiligten wissen, wann sie wieder für andere Aufgaben frei sind,
- den Ort und den Rahmen so zu wählen, dass die Arbeitsfähigkeit unterstützt wird.

Praxistipps

Gleich, ob Sie eine Besprechung oder ein Gespräch vorbereiten und auch wenn Ihre Zeit nur sehr knapp ist, klären Sie immer vorab das Ziel. Machen Sie sich klar, was Ihre Rolle und was die Aufgaben der anderen sind: gemeinsam eine Entscheidung treffen, Ideen entwickeln oder Meinungen zusammentragen? Brauchen Sie eine gemeinsam getragene Entscheidung? Oder sollen die anderen hören – und mittragen – was Sie (oder andere) bereits entschieden haben?

Wenn Sie die Frage nach dem Ziel des Gesprächs oder der Besprechung nicht beantworten können oder mit der Antwort nicht zufrieden sind, sollten Sie in Erwägung ziehen, den Termin abzusagen und die eingesparte Zeit für die Klärung zu nutzen. Das nützt Ihrer Arbeitsaufgabe mehr als eine unklare und damit nicht steuerbare Besprechung.

Wie Sie ein Gesprächsziel formulieren

Ein Gesprächsziel ist kein inhaltlich vorweggenommenes Gesprächsergebnis, es kann z. B. so formuliert sein: „Wir verabreden gemeinsam die Prioritäten der anstehenden Aufgaben." Oder noch konkreter: „Am Ende der Besprechung, in 45 Minuten, haben wir uns auf eine Maßnahmenliste geeinigt und die Rangfolge der anstehenden Aufgaben festgelegt." Auch bei Ihren Telefongesprächen profitieren Sie von solch einer zielorientierten Vorbereitung.

Checkliste: Klärung des Gesprächsziels

- Was ist das Ziel des Gesprächs/der Besprechung? (In einem Satz)
- Gibt es ein offizielles Ziel, z. B. ausgerichtet an Projektmeilensteinen, an strategischen Zielen der Organisation?
- Haben Sie eigene Ziele? Was wollen Sie erreichen, worauf besonderen Wert legen?
- Kontrollfrage: Ist diese Besprechung wirklich nötig? Könnte Ihr Ziel auf andere Weise (Telefonkonferenz, Mail) wirtschaftlicher erreicht werden?
- Mit welcher inneren Einstellung gehen Sie in dieses Gespräch?

Aus der Sender- und Empfängerperspektive

Besonders in der Rolle der Gesprächsleitung haben Sie die Aufgabe, dafür zu sorgen, dass alle Beteiligten ihre Kenntnisse, Erfahrungen und Perspektiven dazu nutzen können, das Gesprächsziel zu erreichen.

Sind Sie Teilnehmer eines Gesprächs, ist die Frage: Wie können Sie zu einem zufrieden stellenden Ergebnis beitragen? Fragen Sie möglichst frühzeitig nach Zweck und Ziel der Zusammenkunft, falls darüber Unklarheit besteht.

Was ist ihre Stärke?

Dieses Plädoyer für klare Gesprächsziele kann für Sie unterschiedliche Bedeutung haben: Wenn Sie zu den Menschen zählen, die sich durch Zielstrebigkeit und Strukturiertheit auszeichnen, dann werden Sie hier kein großes Übungsfeld entdecken. Eher ist für Sie zum Ausgleich nötig, dass Sie sich an die Legitimität von Smalltalk erinnern, daran, dass neben der nötigen Zielorientiertheit auch Kontaktpflege und Interesse aneinander ihren Platz haben und zu einem guten Arbeitsklima beitragen.

Gehören Sie eher zu denjenigen, die der Pflege sozialer Kontakte Raum geben, weil Sie wissen, dass es ineffektiv ist, dieses Bedürfnis zu übersehen, können Sie sich klar machen, dass Sie mit straffen Besprechungen, die an klaren Zielen orientiert sind, Ihren Kollegen und Mitarbeitern Respekt zollen.

Aktives Zuhören

Was bedeutet für mich Zuhören?

Übung 10
2–5 min

Sprechen und Zuhören sind die kommunikativen Basiskompetenzen, die Sie tagtäglich in vielen unterschiedlichen Situationen praktizieren. Überprüfen Sie anhand der folgenden Liste, was für Sie Zuhören bedeutet:

	Ja	Nein
Ich weiß oft schon nach dem ersten halben Satz, was mein Gesprächspartner sagen will.		
Ich interessiere mich mehr für das ausdrücklich Gesagte, als für die Zwischentöne.		
Wenn ich mich mit jemandem unterhalte, ist es mir sehr wichtig, meine eigenen Ideen und Gedanken loszuwerden.		
Während ich zuhöre, nutze ich die Zeit, um meine Gedanken zum Thema zu formulieren und meine Argumente zurechtzulegen.		
Wenn ich zuhöre, signalisiere ich kurz, dass ich verstanden habe – durch Kopfnicken, „mmh", oder „Ja" – und bringe dann meine Argumente ein.		

Lösung

Haben Sie bemerkt, dass je nach Situation unterschiedliche Arten des Zuhörens passend sind? Die Aussagen beschreiben gängiges Zuhören, wie es vor allem in Alltagsgesprächen ausreicht. Auch solches Zuhören ist ein wirksames Instrument, doch es reicht nicht aus, wenn die Lebenswelten der Gesprächspartner zu unterschiedlich sind. Auch wenn mitgesendete emotionale Botschaften verschlüsselt oder mehrdeutig sind, reicht es nicht aus.

Praxistipps

Aktives Zuhören heißt, Sie vergewissern sich aktiv, ob das, was Sie verstanden haben, dem nahe kommt, was Ihr Gegenüber gemeint hat. Sie führen eine Rückkopplungsschleife ein und verlangsamen das Tempo des Dialogs.

Das ist angebracht, wenn Sie sicher sein wollen, wirklich richtig verstanden zu haben, wenn

- die Konsequenzen eines Gesprächs weit reichend sind,
- ein Gesprächspartner emotional bewegt ist,
- Sie in Sachaussagen Gefühle mitschwingen hören und klären wollen, was für ein unausgesprochener Appell ausgesendet wurde.

Die Wirkung von aktivem Zuhören

Ein Teil der Wirkung aktiven Zuhörens liegt darin, dass Sie damit Raum zur Klärung bieten: Indem Sie die emotionale Seite der Botschaft aufgreifen, ermöglichen Sie eine Bestätigung, Präzisierung oder Korrektur und können so zur Klärung eines eventuell damit verbundenen Problems beitragen.

In den folgenden Beispielsätzen steht A für die aktiv zuhörende Person:

B: „Das Projekt kommt nicht von der Stelle."

A: „Sie befürchten, dass wir nicht mehr rechtzeitig fertig werden könnten?"

B: „Ja, das macht mir Sorge. Können wir das jetzt besprechen?"

Aus der Sender- und Empfängerperspektive betrachtet

Beim aktiven Zuhören werden Sie als Empfänger einer Botschaft aktiv. Sie stellen Klärungsbedarf fest und schalten um auf aktives Zuhören. Nach diesem inneren Prozess senden Sie Ihre Fragen, um sich zu vergewissern, etwa „Meinen Sie es so: ...?".

Was ist ihre Stärke?

Wenn es Ihnen leicht fällt, sich im Austausch mit anderen zurückzuhalten, und wenn Sie dazu neigen, eine eher beobachtende Haltung einzunehmen, können Sie wahrscheinlich ausgezeichnet zuhören. Wenn Sie zudem die Welt gern analytisch betrachten und Sie interessiert, wie Kommunikation funktioniert, gehört aktives Zuhören womöglich schon lange zu Ihrem Repertoire. Achten Sie in emotional aufgeladenen Situationen darauf, Ihren Gesprächspartnern ausdrücklich mitzuteilen, dass Sie sie genau verstehen wollen. Wenn Sie diese Absicht nicht deutlich machen, könnte Ihr aktives Zuhören möglicherweise als Ausfragen missverstanden werden.

Wenn Sie dagegen ein eher expressiver Mensch sind, der gern andere an den eigenen Gedanken und Ideen teilhaben lässt, könnte aktives (und auch passives!) Zuhören für Sie ein wichtiges Lernfeld sein.

Können Sie sich gut in andere Menschen hineinversetzen, gelingt es Ihnen wahrscheinlich, durch sachliches Benennen unausgesprochen mitschwingender Emotionen Situationen zu entschärfen, in denen Sie z. B. Hektik oder Beklemmung wahrnehmen. Vermeiden Sie jedoch unbedingt Deutungen wie „Sie sind wohl so aufgeregt, weil Sie um Ihr Projekt fürchten". Solche Aussagen transportieren eine unangemessene „Ich-weiß-wie-du-dich-fühlst"-Haltung.

Zuhören, das die Verständigung fördert, geschieht wie von selbst, wenn Sie eine Haltung forschender Neugier und nicht wertenden Interesses einnehmen.

Akzeptieren Sie andere Sichtweisen

Würdigen Sie das Anliegen Ihres Gegenübers

Übung 11

5 min

Stellen Sie sich eine Gesprächssituation vor, in der Sie ähnlich angesprochen wurden wie der Schaffner im folgenden Beispiel.

Kunde: „Dass die Bahn auch ständig Verspätungen einfährt, ist empörend! Ich verlange mein Geld für die Fahrkarte zurück." Schaffner: „Es gibt überhaupt keinen Grund, sich darüber aufzuregen." Kunde: „Natürlich muss man sich aufregen!! Schon wieder verpasse ich den Anschlusszug!"

Mit welcher Art von Formulierung und welcher inneren Einstellung können Sie sich in solch einem Gespräch davor bewahren, dass es sich in Behauptung und Gegenbehauptung festfährt? Wie zum Beispiel in diese Art: „Muss man nicht" – „Muss man aber doch!".

Lösung

Würdigen bedeutet nicht, der Position des anderen inhaltlich zuzustimmen. Würdigen heißt, es gibt einen Grund, und der ist es wert, ernst genommen zu werden – gerade dann, wenn Sie dem inhaltlich nicht zustimmen und die Sache anders beurteilen. Sie lassen damit Platz für Emotionen – sei es Ärger, Skepsis, Zweifel oder Unsicherheit – und Sie sagen ausdrücklich, dass der andere aus seiner Sicht gute Gründe hat, so zu reagieren. Sie bahnen einen Weg zur Sache, zu den Lösungsmöglichkeiten. Denn: Gegen Emotionen kann man nicht argumentieren. Falls Sie es versuchen, wecken Sie vor allem Widerstand bei der Gegenseite: „If you insist, I resist!"

Was ist Ihre Stärke?

Wenn Sie sich gut in andere Menschen einfühlen können, fällt es Ihnen eher leicht, Verständnis zu vermitteln und andere Sichtweisen zu akzeptieren. Möglicherweise ist die Versuchung aber groß, in die Gefühle Ihres Gegenübers „mit einzusteigen". Sie behalten besser den Überblick, wenn Sie innerlich eine angemessene Distanz wahren, sich also klar machen, dass das Würdigen des Anliegens *nicht* bedeutet, inhaltlich zuzustimmen. Wenn Sie eher mit Logik auf die Konsequenzen von Verhalten schauen, wissen Sie vermutlich rasch, was zu tun ist, um zu einer Lösung zu kommen. Dann besteht die Gefahr, dass die ausdrückliche Wertschätzung Ihres Gegenübers zu kurz kommt. Wenn Sie es dann mit Menschen zu tun haben, denen dies sehr wichtig ist, verkürzen Sie die Auseinandersetzung, indem Sie Ihre Akzeptanz der anderen Sichtweise betonen.

Die Wirkung von Fragen

Fragen Sie so, dass Sie das erfahren, was Ihnen weiterhilft

Übung 12
10 min

Fragen funktionieren unterschiedlich. Notieren Sie im Hinblick auf die im Folgenden geschilderte Situation, mit welchen der anschließend aufgeführten Fragen die Protagonistin die Informationen erhält, die Sie benötigt.

Frau Hestert arbeitet für Herrn Dr. Grünsam, der sie eher spärlich mit Informationen versorgt. Sie bereitet eine Tagung mit über 140 Gästen vor, die ihr Chef leiten wird. Sie hatte zwei Tage frei genommen und will sich jetzt einen Überblick verschaffen, was während ihrer Abwesenheit geschehen ist.

Welche der folgenden fünf Fragen sollte Sie Herrn Dr. Grünsam stellen, um das Notwendige zu erfahren?

1 Gibt es neue Informationen zur Tagung?
2 Wollen Sie mich über den Stand der Dinge informieren?
3 Was ist inzwischen geschehen, das ich wissen muss?
4 Können wir meine To-Do-Liste durchgehen und Veränderungen abstimmen?
5 Was soll ich tun?

Lösung

Frage	Mögliche Wirkung
1 Gibt es neue Informationen zur Tagung?	Die Frage kann passen, um z. B. in einem ersten Schritt zu klären, ob für dieses Thema Zeit einzuplanen ist. Der Chef kann sich darauf beschränken, mit Ja oder Nein zu antworten.
2 Wollen Sie mich über den Stand der Dinge informieren?	Auch hier wird eine karge Antwort nahe gelegt. Wenn die Antwort „Nein" ist, weiß Frau Hestert nicht, ob der Zeitpunkt nicht passt oder es keine neuen Entwicklungen gibt, die sie betreffen.
3 Was ist inzwischen geschehen, das ich wissen muss?	Diese Frage zielt auf den Unterschied, der ihr wichtig ist: Wie bekomme ich Anschluss an das Geschehen, das ich jetzt wieder übernehmen soll? Sie bietet dem wortkargen Gefragten die weiteste Möglichkeit zu antworten und kommt damit den Interessen beider Beteiligten entgegen.
4 Können wir meine To-Do-Liste durchgehen und Veränderungen abstimmen?	Anhand einer konkreten, dokumentierten Aufgabenaufstellung kann Punkt für Punkt der aktuelle Informationsstand abgeglichen werden. Dies würde am ehesten zu einem optimalen Ergebnis führen.

Frage	Mögliche Wirkung
5 Was soll ich tun?	Diese Frage passt dann, wenn sich Herr Dr. Grünsam z. B. aufgeregt oder hektisch verhält, weil er Angst hat, dass nichts so laufen wird, wie er es gerne hätte. Sie eignet sich als Kriseninvention, die signalisiert: Ich packe mit an, sofort.

Fragen sind Alltagswerkzeuge, Sie benutzen sie ständig, wenn Sie sich unterhalten. Fragen sind auch in so unterschiedlichen Gesprächen wie Teamkonferenzen, Kunden- und Konfliktgesprächen wirksame Instrumente. Sie können damit Ihre Absichten unterstützen oder, wenn Sie unachtsam sind, vereiteln. Die vorige Aufgabe hat illustriert, dass es keine generell richtigen oder falschen, passenden oder unpassenden Fragen gibt. Vielmehr sind sie abhängig von Situation und Absicht einzusetzen: Man muss sich überlegen, was man bewirken und erreichen möchte, worin die Aufgabe besteht.

Offene oder geschlossene Frage?

Übung 13
10 min

Ob Sie den Dialograum, den gemeinsamen Denkraum, öffnen oder schließen wollen, ist ein wichtiger Unterschied. Zum schließen oder öffnen können Sie geschlossene oder offene Fragen gezielt einsetzen. Kreuzen Sie an, welche der folgenden Fragen offene Fragen, welche geschlossene Fragen sind. Um den Unterschied zwischen diesen Fragetypen zu erfahren, spüren Sie der Wirkung der Fragen nach.

	offen	geschlossen
Haben Sie es schon einmal versucht?		
Was haben Sie bisher versucht?		
Haben Sie das verstanden?		
Was haben Sie davon verstanden?		
Wollen Sie mir Bescheid sagen?		
Wann wollen Sie mir Bescheid sagen?		
Können Sie das sofort übernehmen?		
Unter welchen Bedingungen können Sie das sofort übernehmen?		

Lösung

Es sind jeweils abwechselnd geschlossene und offene Fragen.

Praxistipps

Geschlossene Fragen fordern zu kurzen Antworten auf: Ja oder Nein. Das kann angebracht sein, wenn es Ihnen auf eine klare, sofortige Entscheidung ankommt. Und Sie können damit deutlich machen, dass Sie ein Thema abschließen wollen und für beendet betrachten, z. B. am Schluss eines Gesprächs.

Auch wenn Sie am Ende eines Kundengesprächs wissen wollen, wie es um die Kaufentscheidung steht, sollten Sie keine Angst vor einem Nein haben. Ein klares Nein ist eine bessere Basis für späteres Anknüpfen als ein vager Aufschub, bei dem sich beide Verhandlungspartner unwohl fühlen.

Mit offenen Fragen erfahren Sie mehr

Übung 14
3 min

Entwickeln Sie für das folgende Beispiel einen Formulierungsvorschlag, mit dem Sie die Chancen vergrößern, von Ihrem Gegenüber mehr zu erfahren:

„Haben Sie schon einmal ein elektronisches Erinnerungssystem ausprobiert?" – „Nein."

„Wollen Sie es einmal versuchen?" – „Nein."

Lösung

Wenn Sie die Frage stellen „Welche Vorteile oder Nachteile könnte für Sie ein elektronisches Erinnerungssystem haben?", dann ist der Gefragte am Zug. Offene Fragen dieser Art eröffnen ihm die Möglichkeit, seine Erfahrungen und Gründe, Vorlieben und Bedenken anzusprechen.

Wenn als Gesprächsziel beispielsweise festgelegt wurde, Bedingungen für bessere Termintreue herzustellen, haben Sie mit offenen Fragen mehr Möglichkeiten, gemeinsam in einem Team Ideen für Lösungen zu entwickeln.

Praxistipps

Was wollen Sie durch Ihr Fragen erreichen? Überlegen Sie, welchen Zweck das betreffende Gespräch oder der Abschnitt des Gesprächs haben soll.

Zweck des Gesprächs	Frageart
Informationen gewinnen, Überblick erhalten	Offene Fragen Es stehen Ihnen alle Fragepronomen zur Verfügung: Was? Wer? Wo? Wann? Wie? Wodurch? usw.
Konkretisierung	Präzisierungsfragen Wie genau? Wie lange? Wie weit? Wie viel? Im Vergleich wozu? Zu groß – zu klein? Zu viel – zu wenig? Zu früh – zu spät? Zu teuer? Woran sehen Sie das?
Begründung und Sinn	Warum? Warum nicht? Und wenn doch? Was muss geschehen, dass ...? Wozu? Was wollen Sie damit erreichen?
Entscheidungen	Geschlossene Fragen schränken die Antwortmöglichkeit ein auf Ja oder Nein (oder vielleicht)
Ihr Gegenüber zum Nachdenken bringen	Wann ist das so? Wie könnte es anders sein? Welche Bedingungen sind förderlich?
Unterhaltung, Kontakt	Alle Arten von offenen Fragen, die Bezug zur Situation haben. Fragen sind ein probates Mittel der Kontaktpflege.

Problem- oder zielorientiert fragen?

Übung 15
3 min

Wenn Sie bestimmte wiederkehrende Fehler oder Pannen zukünftig vermeiden wollen, kann Ursachenforschung angebracht sein. Dafür setzen Sie problemorientierte Fragen ein, wie z. B. „ Was genau ist da abgelaufen?". Geht es aber darum, einem angestrebten Zustand näher zu kommen, nutzen Sie zielorientierte Fragen, wie z. B. „Was können wir dafür tun, damit so etwas nicht wieder passiert?".

Formulieren Sie die beiden problemorientierten Fragen zu zielorientierten Fragen um.

- Warum können wir den Erfolg nicht wiederholen?
- Wieso können Sie den Termin nicht halten?

Lösung

Die Fragen könnten folgendermaßen lauten:

- Welche Bedingungen brauchen wir, um diesen Erfolg zu wiederholen?
- Welche Möglichkeiten sehen Sie, den Termin doch noch einzuhalten?

Diese Fragen sind zielorientiert. Sie wirken aufbauend, konstruktiv und ermuntern Ihre Gesprächspartner, gemeinsam die Bedingungen zur Lösung von Problemen zu konstruieren. Deshalb sind sie sehr nützlich.

Was ist Ihre Stärke?

Wenn Menschen Ihnen schnell vertrauen, werden etliche Ihnen auch rasch ihre Geschichten erzählen, weil sie Ihr Interesse spüren. Das kann hilfreich sein, um Hintergründe zu verstehen und Lösungen zu entwickeln. Möglicherweise müssen Sie sich davor wappnen, sich von Erzählungen zu sehr beeindrucken zu lassen, und klar im Blick behalten, was das Ziel ist und wo wessen Verantwortlichkeiten liegen. Denken Sie ebenfalls daran, am Schluss eines Gesprächs Verbindlichkeit in der Sache herzustellen.

Wenn Sie eher zielorientiert denken und Sie leicht das angestrebte Ergebnis im Blick behalten, könnte Ihre Art des Fragens inquisitorisch erlebt werden. Begründen Sie Ihre Frage.

Die folgende Tabelle gibt Ihnen einen Überblick über die verschiedenen Fragetypen mit entsprechenden Beispielen aus der Senderperspektive und Hinweisen auf ihre Wirkung beim Empfänger.

Checkliste: Wie Fragen wirken

Fragetyp	Beispiel aus der Senderperspektive	Wirkung aus der Empfänger-perspektive
Geschlossene Fragen	„Können Sie im März mit zur Messe fahren?"	Schränken ein auf Ja oder Nein, dringen auf Entscheidung.
Offene Fragen	„Was brauchen Sie, um (doch noch) mit zur Messe fahren zu können?" „Wie wollen Sie das erreichen?"	Öffnen den Raum für den Gefragten, er kann nachdenken und seine Sicht darstellen, Alternativen können entwickelt werden, fordern zum Erzählen auf.
Alternativ-fragen	„Wollen Sie Montag bis Mittwoch oder Mittwoch bis Freitag unseren Messestand betreuen?"	Der Gefragte kann sich zwischen aufgezeigten Möglichkeiten entscheiden oder sich der Vielfalt der Möglichkeiten bewusst werden.
Präzisie-rungsfragen	„Wann genau geht Ihr Flug nach München?" „Was genau wollen Sie unternehmen?"	Dringen auf Anschaulichkeit, können vom Thema ablenken, wenn sie zu früh gestellt werden.

Fragetyp	Beispiel aus der Senderperspektive	Wirkung aus der Empfängerperspektive
Suggestivfragen	„Sie sind doch auch einverstanden, dieses Bürgerbegehren zu unterschreiben?"	Drängen durch eine verkappte Behauptung in eine bestimmte Richtung.
Rhetorische Fragen	„Sie sind Lottospieler? Dann sind Sie an unserem Superangebot interessiert, nur im März …" „Wollen Sie Geld verlieren?"	Behauptungen in Frageform, auf die gar keine Antwort erwartet wird. Dienen auch als rhetorisches Mittel in Reden.
Motivierende Fragen	„Sie sind doch Experte. Wie schätzen Sie die Möglichkeit ein …?"	Ob sie wirklich motivieren, hängt davon ab, ob sie als echt oder manipulativ empfunden werden.
Begründungsfragen	„Warum sind Sie gestern schon um 16 Uhr gegangen?"	Erschrecken manchmal Menschen, die Begründung und Rechtfertigung nicht gut unterscheiden können.

So gelingen Feedbacks

Konstruktiv Feedback geben

Übung 16
10 min

Wenn Sie konstruktives Feedback formulieren, sollten Sie darauf achten, dass Sie möglichst unmittelbar ein Verhalten oder eine Situation aus der eigenen Sicht beschreiben und deutlich machen, was das für Sie selbst bedeutet.

Bitte notieren Sie, warum die folgenden Formulierungen keine Beispiele für konstruktives Feedback darstellen und formulieren Sie entsprechend neu. (Da ein Feedback immer ausführlicher ist als die unten stehenden Vorwürfe, malen Sie sich jeweils eine passende Situation aus, in der Sie das konstruktive Feedback geben.)

1 Wie kann man nur so vergesslich sein! Halten Sie doch Ihre Gedanken zusammen.

2 Immer sind Sie unpünktlich!

3 Warum haben Sie mir die Panne nicht sofort gemeldet? Sie haben wohl ein Autoritätsproblem!

4 Sie müssen häufiger den Mund aufmachen.

Lösung

1 Die Formulierung setzt eine Norm absolut („Man darf nichts vergessen.“) und unterstellt sie dem Gegenüber. Besser wäre diese Formulierung: „Gestern Abend fehlten die Unterlagen zu den letzten beiden Tagesordnungspunkten. Darüber habe ich mich geärgert, wir mussten die Besprechung für 20 Minuten unterbrechen. Ich würde gern mit Ihnen besprechen, wie Sie sicherstellen können, dass die Unterlagen zukünftig komplett sind.“

2 Die Aussage generalisiert. Besser wäre die Formulierung: „Sie sind mit dem Bericht erst drei Tage nach dem vereinbarten Datum fertig geworden. Ich möchte ihn zukünftig pünktlich haben. Bitte sagen Sie mir beim nächsten Mal spätestens zwei Tage vor dem vereinbarten Termin Bescheid, wie weit Sie sind, sodass wir gegebenenfalls gemeinsam besprechen können, was vorrangig ausgearbeitet werden muss, um fertig zu werden.“

3 Diese Aussage ist ausgesprochen schädlich: Verhalten wird als psychisches Problem gedeutet, das ist anmaßend. Besser wäre: „Sie haben den Maschinenschaden gestern erst nach 30 Minuten weitergemeldet. Das entspricht nicht den Vorgaben. Ich will, dass Sie einen Schaden unverzüglich melden. Sogar wenn Sie mich dafür aus einem Kundengespräch herausholen müssen.“

4 Diese Aussage ist unter Umständen ungünstig, weil solche direktiven Anweisungen dem Angesprochenen wenig Spielraum lassen. Besser wäre die Formulierung „Sie haben in den drei Wochen, die Sie jetzt hier sind, wenig Vor-

schläge beigesteuert, wie wir unsere Arbeitsprozesse verbessern können. Ich habe den Eindruck, dass Sie dazu einiges sagen könnten, und möchte Sie auffordern und ermuntern, das auch zu tun."

Praxistipps

Wenn Sie ein konstruktives Feedback formulieren wollen, achten Sie auf die in der Checkliste genannten Merkmale.

Checkliste: konstruktives Feedback

- Beziehen Sie Ihr Feedback stets auf eine zeitlich nahe liegende Situation.
- Benennen Sie präzise ein bestimmtes Verhalten oder eine einzelne Situationen.
- Benennen Sie Ihre subjektive Perspektive, Ihr Erleben, Ihr Wahrnehmen.
- Wenn Sie Führungsaufgaben haben beschreiben Sie auch Ihre Anforderungen.
- Äußern Sie sich direkt und unumwunden.
- Übernehmen Sie mit konstruktivem Feedback die Verantwortung für Ihren Teil der Zusammenarbeit.
- Nützliches Feedback ist also situativ, konkret, subjektiv und wertschätzend.

Formulieren Sie ein positives Feedback

Übung 17
2–5 min

Äußern Sie auch, was Sie positiv überrascht, was Ihren Ansprüchen genügt oder sie übertrifft. Ihr positives Feedback nützt Ihren Geschäftspartnern, Mitarbeitern, Lieferanten und Kunden, denn sie können besser einschätzen, wie ihr Verhalten ankommt. Um das eigene Angebot ständig verbessern zu können, ist es nötig, die eigenen Stärken gut zu kennen. Dazu tragen Sie mit Ihrem positiven Feedback bei.

Formulieren Sie zu drei Situationen oder Verhaltenweisen, die Ihnen in der letzten Zeit aufgefallen sind, ein positives Feedback.

Lösung

Hier finden Sie Beispielformulierungen für positives Feedback:

- Ich habe selten eine so kompetente telefonische Bestellannahme erlebt, wie gerade die von Ihnen.
- Die Tagungsbetreuung in Ihrem Haus war vorzüglich. Besonders gefallen hat mir, wie flexibel Sie sich auf unsere Wünsche einstellen konnten.
- Ihre Begrüßungsrede am Tag der offenen Tür hat mich beeindruckt. Besonders, dass Sie dabei so locker einzelne Besucher angesprochen haben.

Was ist Ihre Stärke?

Falls Sie zu denjenigen gehören, die viel Wärme ausstrahlen und denen positives Feedback, Ermutigung und Anerkennung leicht von den Lippen gehen, sollten Sie sich darin vervollkommnen. Sie tragen damit viel zum wertschätzenden Klima in einer Arbeitsgruppe bei.

Achten Sie jedoch darauf, dass Sie das, was Sie verändert haben wollen, klar und unmissverständlich ausdrücken, und vergewissern Sie sich, dass Ihre Verbesserungshinweise angekommen sind. Wenn es Ihnen eher schwer fällt, Verhalten anzusprechen, das Sie stört, könnte Ihnen helfen, sich klar zu machen, dass Ihr Feedback ein Dienst für Ihren Gesprächspartner ist: eine Information, die er nur bekommt, wenn Sie sie ausdrücken.

Wenn Sie selbst einen eher knappen und sportlichen Stil schätzen und die Erfahrung gemacht haben, dass Ihr Feedback von manchen nicht leicht angenommen wird und Sie häufig Verteidigungsmanöver provozieren, dann beachten Sie bitte Folgendes: Ihre klaren Rückmeldungen können eher auf fruchtbaren Boden fallen, wenn Sie vorab Ihre grundsätzliche Wertschätzung ausgedrückt haben.

Üben Sie es, auch die Stärken ausdrücklich zu benennen, bevor Sie auf Verbesserungsbedarf hinweisen. Gehen Sie nicht davon aus, dass jeder Ihrer Mitarbeiter oder auch Ihre Chefin weiß, wie sehr Sie sie schätzen: Sprechen Sie aus, was Sie an Positivem wahrgenommen haben – und äußern Sie danach, wo Sie Verbesserungsbedarf sehen.

- **Aus der Senderperspektive betrachtet:** Platzieren Sie Feedback in einem Moment, in dem Ihr Gegenüber hörbereit ist. Formulieren Sie Feedback situativ, konkret, subjektiv und wertschätzend. Seien Sie deutlich, denn „was dem Herzen widerstrebt, lässt der Kopf nicht ein" (Schopenhauer). Nehmen Sie positives Feedback in Ihr Repertoire auf.
- **Aus der Empfängerperspektive betrachtet:** Erbitten Sie Feedback von Ihren Kolleginnen und Kollegen, von Ihren Kunden und von Ihren Vorgesetzten, denn Sie können nur Erwartungen erfüllen, die Sie genau kennen. Hören Sie gut zu und lassen Sie das Gehörte erst einmal wirken (ohne sich zu rechtfertigen oder zu verteidigen). Sortieren Sie, was Ihr Anteil am Geschehen ist, und sagen Sie dann, was Sie ändern wollen oder können und was nicht.

Beziehen Sie Position

Vertreten Sie Ihre Interessen

Übung 18
20 min

Sicher haben Sie schon einmal in einem Gespräch ein Anliegen vertreten, das Ihnen wichtig war – und sie haben Erfolg gehabt oder auch nicht. Äußerst hilfreich ist es dabei, auf verschiedene Reaktionen gefasst zu sein, um entsprechend selbst flexibel reagieren zu können.

Wählen Sie aus den fünf Anliegen zwei aus, in die Sie sich gut hineinversetzen können. Notieren Sie in Stichworten, wie Sie solch ein Gespräch vorbereiten, um Ihr Ziel zu erreichen.

Stellen Sie sich vor, Sie wollen

- ein spezielles Arbeitsgerät beantragen, z. B. einen Laptop oder einen orthopädischen Stuhl,
- bestimmte Arbeitsbedingungen vereinbaren, z. B. keine Telefonate und keine Störungen zwischen 11 und 13 Uhr, arbeiten bei geschlossener Tür, Jobsharing,
- Urlaubstage für eine Zeit aushandeln, die schwierig zu besetzen ist,
- Aushilfskräfte für besondere Aktionen einstellen,
- Entlastung von einer Aufgabe, die auf die vereinbarte Art nicht zu erledigen ist.

Lösung

Bei Ihrer Vorbereitung ist es ratsam mindestens die folgenden fünf Aspekte zu berücksichtigen:

- Das Gesprächsziel klären: Was wollen Sie erreichen? Was ist Ihr Minimalziel?
- Argumente für Ihr Anliegen sammeln
- Ihre Argumente aus der Perspektive des Verhandlungspartners prüfen und mögliche Nutzen für ihn sammeln
- Die Rahmenbedingungen klären
- Dafür sorgen, dass Sie überzeugend wirken, indem Sie sich in einen guten Zustand versetzen

Praxistipps

Legen Sie ein Minimalziel für sich fest

Der erste Schritt bei der Vorbereitung eines Gesprächs ist zu klären, was Sie erreichen wollen. Im zweiten Schritt überlegen Sie, was Sie mindestens erreichen möchten. Dadurch können Sie in der Verhandlung flexibler regieren. Ein Minimalziel kann sein ein Teil dessen, was Sie wollen (wenn z. B. ein neues Büro nicht möglich ist, wenigstens einen besseren Stuhl), ein Ersatz für das, was Sie wollen (statt des Schreibtischs am Fenster, eine bessere Lampe), eine spätere Erreichung des Ziels (wenn z. B. gegen Ende des Geschäftsjahres klar ist, was vom Budget übrig bleibt), etwas anderes (z. B. wenn viel dafür spricht, dass Sie eine Aufgabe doch übernehmen, Entlastung an anderer Stelle).

Belegen Sie Ihre Argumente und werben Sie!

Belegen Sie Ihre Argumente soweit möglich mit Zahlen, Daten und Fakten. Es lässt sich viel mehr belegen, als Sie vielleicht glauben, sobald Sie auf Details achten.

Wenn Sie voraussehen, dass Ihnen nicht unverzüglich zugestimmt wird, werben Sie für Ihren Vorschlag intensiv. Werben heißt verlocken, etwas schmackhaft machen. Das ist legitim, solange Sie auch Ihre eigenen Absichten klar benennen.

Betonen Sie den beiderseitigen Nutzen

Prüfen Sie Ihre Argumente aus der Sicht der anderen Seite. Was ist aus deren Perspektive wichtig? Was wäre aus deren Sicht gewinnbringend und nützlich? Was könnten objektive Kriterien sein? Wenn Sie sich nicht sicher sind, ob Sie alle relevanten Gesichtspunkte der Gegenperspektive sehen, sprechen Sie mit anderen darüber und nutzen Sie deren Ideen.

Was ist ihre Stärke?

Können Sie andere leicht mit Ihrer Begeisterung anstecken? Dann wird es Ihnen helfen, sich die eigenen Beweggründe klar zu machen. Denken Sie daran, diese mit Sachargumenten und Fakten zu untermauern.

Liegt Ihre Stärke mehr in der logischen Argumentation? Damit werden Sie bei Menschen mit ähnlichen Stärken gut ankommen. Benennen Sie aber auch Ihre persönlichen Interessen, Sie werden dadurch glaubhafter.

Gespräche strukturieren – Ergebnisse erzielen

Wie strukturieren Sie ein Gespräch?

Übung 19
3–5 min

Gut gesteuerte Gespräche und Besprechungen haben eine bestimmte Struktur, die das Erreichen und Sichern von Ergebnissen unterstützt.

Überlegen Sie, was Ihrer Erfahrung nach zur Struktur eines Gesprächs gehört. Was ist für den Beginn, das inhaltliche Bearbeiten und den Abschluss unabhängig von Thema, Ziel und Beteiligten nötig? Notieren Sie sich Stichworte.

Lösung

Gut strukturierte Gespräche haben eine Gesprächseröffnung, die ein gutes Klima fördert, im inhaltlichen Teil Zusammenfassungen der Zwischenergebnisse und einen Abschluss, der Verbindlichkeit herstellt.

Praxistipps

Gesprächseröffnung: Beziehung herstellen

Eine angenehme Atmosphäre wirkt gesprächsfördernd und verschafft Sicherheit, das Thema der Besprechung ist leichter verhandelbar. Sorgen Sie deshalb für einen Anfang, der alle Teilnehmer einbezieht, in einer Form, die zu Ihrem Unternehmen, Ihrer Organisation, passt. Das kann z. B. in Form einer informellen Viertelstunde sein oder beim Stehkaffe: Teilnehmer, die sich noch nicht kennen oder die sich lange nicht gesehen haben, können sich bei dieser Gelegenheit miteinander bekannt machen oder begrüßen und austauschen. Unabhängig von der Möglichkeit eines informellen Beginns sollte jede Besprechung, die nicht aus einem festen Teilnehmerkreis besteht, mit einer Vorstellung beginnen.

Als Teilnehmer strukturieren

Auch als Teilnehmer können Sie aktiv sein und mit ergänzenden Vorschlägen strukturierend einwirken, wenn z. B. die Gesprächsleitung sofort in das Thema hineinspringen will: „Bevor wir mit dem Thema beginnen: Kennen sich schon alle Teilnehmer? Ich wüsste gern, wer in welcher Funktion (mit welchem Interesse) im Raum sitzt. Deshalb schlage ich eine kurze Vorstellungsrunde vor, bevor wir inhaltlich loslegen."

Bündeln Sie Gesprächsergebnisse

Indem Sie Ergebnisse zwischendurch zusammenfassen, geben Sie den Teilnehmern Orientierung. Sie setzen Abschnitte und stellen die Verbindung zum Ziel der Besprechung her. Mit diesem Werkzeug können Sie Sitzungen straffen. Sie sollten dies tun, wenn Sie den Eindruck gewonnen haben, dass alle zu Wort gekommen sind und dass sich die Argumente wiederholen, ohne dass neue Gesichtspunkte erscheinen. Kündigen Sie ihr Vorhaben z. B. mit diesen Worten an: „Ich möchte den aktuellen Stand der Dinge kurz zusammenfassen: ..."

Äußerst klärend ist auch eine Zusammenfassung, wenn noch keine ausreichende Verständigung besteht! Im Englischen klingt die Bezeichnung elegant: „We agree to disagree."

Gesprächsabschluss – Verbindlichkeit herstellen

Am Ende eines Gesprächs sollten Sie das gemeinsam Erarbeitete zusammenfassen und dabei Bezug auf das Besprechungsziel nehmen. Benennen Sie Gemeinsamkeiten, fragen Sie nach Offenem und nach Unklarem. Dann verabreden Sie verbindliche Handlungsschritte gemäß Ihrem Besprechungsziel, „Wer tut was bis wann?".

Fragen Sie auch als Teilnehmer einer Besprechung ausdrücklich nach, immer wenn Sie den Eindruck haben, dass nicht alle Beteiligten ganz genau wissen, was eigentlich das Ergebnis des Gesprächs ist:

- „Was haben wir jetzt genau verabredet?"
- „Wie kann es jetzt weitergehen?"
- „Was ist also der nächste Schritt?"

Die folgende Gegenüberstellung fasst das Wichtigste noch einmal zusammen.

Senderperspektive	Empfängerperspektive
Ein Gespräch zu strukturieren ist ein Dienst an der Sache und für die Teilnehmer. Der Zweck ist, Ergebnisse zu erreichen, mit denen alle weiterarbeiten können.	Als Gesprächsteilnehmer sind Sie mitverantwortlich für die Ergebnisse. Melden Sie Ihr Bedürfnis nach Struktur an und übernehmen Sie selbst, was Sie für sinnvoll halten.

Was ist ihre Stärke?

Wenn es Ihnen leicht fällt, Gespräche zu strukturieren, könnten Sie diese Fähigkeit so einüben, dass sie auch für andere Gruppen in Ihrer Organisation nutzbar ist. Achten Sie bei aller Strukturiertheit aber auf die wichtigen informellen Phasen von Gesprächen: den Beginn und die Pausen. Sie sind unverzichtbar, damit Menschen neue Informationen verdauen und zu neuen Einsichten gelangen können. Wenn Sie eher Ihrer Spontaneität vertrauen, werden Sie viele Möglichkeiten sehen, die Teilnehmer in eine Besprechung einzubeziehen. Sie verfügen mit den beschriebenen Gesprächsabschnitten über das Minimum einer Besprechungsstruktur, mit der Sie in vielen Fällen auskommen werden.

Ihre innere Einstellung

In diesem Kapitel erfahren Sie,

- warum Ihre innere Einstellung entscheidend ist für Ihre Fähigkeit zu kommunizieren,
- wie Sie Ihre Wirkung auf andere einschätzen und Ihre Selbstsicherheit stärken können und
- warum es so wichtig ist, sich über die Macht der Worte bewusst zu sein.

Darum geht es in der Praxis

Dieses Kapitel ist dem Kern der Fähigkeit gewidmet, für beide Seiten zufrieden stellende Gespräche zu führen: Denn letztlich sind nicht Techniken sondern Ihre innere Einstellung entscheidend für Ihre Gesprächskompetenz. Warum? Die Gründe sind simpel:

Gespräche stellen Kontakt her und formen Beziehung zwischen Menschen. Beziehungen sind hochkomplex und nur in Ansätzen technisch zu regeln. Gesprächsführungstechniken können Ihnen zwar dabei helfen, sich in ungewohnten beruflichen Situationen abzusichern – um mit anderen Menschen auszukommen, brauchen Sie aber mehr als Techniken und Regeln. Denn Gespräche sind auf Vertrauen gegründet, wie Zusammenleben und Zusammenarbeiten generell. Sie verfügen über ein Gespür dafür, was ehrlich gemeint ist und wer Ihnen mit manipulativer Absicht begegnet. Selbst ein virtuoser Einsatz von Techniken ersetzt langfristig nicht eine innere Haltung, die von Respekt, Wertschätzung und dem Willen, miteinander auf faire Weise umzugehen, geprägt ist. Vieles gelingt leicht mit der inneren Einstellung, die fachlichen Aufgaben nach besten Kräften zu tun und die daran beteiligten Menschen zu achten – einschließlich sich selbst.

Da Menschen unter Anspannung dazu neigen, so mit anderen zu sprechen, wie sie es mit sich selbst innerlich tun, steht das Gespräch mit sich selbst im Mittelpunkt dieses Kapitels.

Die Wirkung auf andere kennen

Was Sie denken, strahlen Sie aus

Übung 20
20 min

In dieser Übung spüren Sie den körperlichen Auswirkungen einer positiven und einer negativen Situation nach, die Sie erlebt haben. Sie benötigen einen Wecker.

1 Denken Sie zunächst an eine Ihnen unangenehme Situation (z. B. ein Zahnarzttermin). Stellen Sie einen Wecker auf drei Minuten. Schließen Sie die Augen und beobachten Sie Ihre körperlichen Reaktionen insbesondere Ihre Körperhaltung. Nehmen Sie die inneren Prozesse wahr, ohne einzugreifen.

2 Wenn der Wecker piept, hören Sie damit auf, Ihre Reaktionen zu erforschen. Denken Sie an das, was Sie wahrgenommen haben, noch einmal zurück. Schütteln Sie sich kräftig, um diese Situation wieder loszuwerden, und sagen Sie sich innerlich: „Das ist jetzt vorbei".

3 Denken Sie nun zum Kontrast an eine Situation, die Ihnen sehr angenehm und behaglich war (z. B. auf einer Wiese, in der Sonne). Stellen Sie den Wecker wieder auf drei Minuten. Schließen Sie wieder die Augen und beobachten Sie in Ruhe das, was Sie innerlich erleben. Nehmen Sie Ihre Reaktionen wahr und achten Sie dabei besonders auf Ihre Körperhaltung.

Lösung

Wenn Sie sich auf Ihre inneren Bilder konzentrieren konnten, haben Sie vielleicht folgende Reaktionen bemerkt. Beim Vorstellen der unangenehmen Situation:

- Klopfendes Herz oder flacher Atem
- Zähne aufeinander beißen
- Zunge gegen den Gaumen pressen
- Hochgezogene Schultern oder gebeugter Rücken und schlaffe Haltung
- Zusammengezogenes, angespanntes Gesicht
- Gerunzelte Stirn

Beim Vorstellen der angenehmen Situation:

- Tiefer, ruhiger Atem
- Entspanntes Gesicht
- Lockerer Kiefer
- Lächeln
- Aufrechte Haltung
- Glatte Stirn

Praxistipps

Diese körperlichen Reaktionen entstehen allein durch Ihre mentalen Vorstellungen. Wenn andere Menschen auch nicht sehen können, welche Bilder Sie gerade beschäftigen, so kann man Ihnen doch von außen ansehen, ob sie angenehm oder unangenehm sind. Gedanken erzeugen Körperreaktionen, die Ihre Gesprächspartner wahrnehmen und auf die sie reagieren. Die so genannten somatischen Marker (körperlichen Anzeiger) sind Indizien für Ihre Gestimmtheit. Es gibt viel mehr davon als die oben aufgezählten, Sie kennen sie und Sie sind fähig, darauf zu reagieren, auch wenn Ihre Reaktion darauf unbewusst ist. Stimme, Mimik und Körperhaltung vermitteln viele dieser somatischen Marker.

Weil Ihre inneren Bilder Sie selbst beeinflussen, ist eine optimistische Grundhaltung, immer wenn Sie die Wahl haben, hilfreicher als chronisches Schwarzsehen. An etwas Angenehmes zu denken fühlt sich besser an. Und es beeinflusst, was Sie über sich selbst und andere denken und was Sie dementsprechend ausstrahlen. Unrealistisches und selbstüberschätzendes Urteilen ist hiermit nicht gemeint, auch nicht, dass Sie unangenehme Gefühle wegschieben sollten.

Senderperspektive	Empfängerperspektive
Wenn Sie sehr ärgerlich sind, wird Ihnen schwerlich z. B. ein konstruktives Feedback gelingen, weil spürbar ist, dass nicht das Interesse an Verbesserung im Vordergrund steht, sondern akuter Ärger, der nach Ausdruck drängt. Ihr Gegenüber merkt das, auch wenn Sie Ihre Worte kontrollieren.	Aktives Zuhören, taktisch eingesetzt um andere auszuhorchen, erzeugt beim Gesprächspartner Ärger. Die Absicht wird mit kommuniziert und gerade hierarchisch unterstellte Mitarbeiter haben dafür ein genaues Gespür.

Testen Sie Ihre Ausstrahlung

Übung 21
20 min

Werden Sie sich Ihrer Kompetenz, Ihrer Zuversicht und Ihres angenehmen Wesens bewusst und wählen Sie eine Situation, in der Sie guter Stimmung sind: Nehmen Sie die nächste Begegnung mit einem mürrischen Kunden, einer griesgrämigen Kollegin oder einem geistesabwesenden Verkäufer als herausfordernde Aufgabe, diesen Menschen zum Lächeln zu bringen.

1 Erinnern Sie sich daran, dass diese Person sicher plausible Gründe für ihre Missstimmung hat, vielleicht ist gerade das Auto liegen geblieben oder ein Kundentermin geplatzt.

2 Wappnen Sie sich gegen die „Ansteckung" von außen. Das geht umso leichter, je mehr Sie Ihrer guten Laune oder Ihrer Gelassenheit vertrauen können.

3 Versuchen Sie nun, durch ausgesprochen freundliches Reagieren Ihr Gegenüber aufzuheitern, etwa durch ein ehrliches Kompliment, das Ansprechen einer positiven Sache, die Ihnen auffällt, oder den Hinweis auf eine Besonderheit, die Sie mögen: „Feines Auto, der alte Ford Mustang da draußen."

Experimentieren Sie mit der Erfahrung, Ihre Einstellung auf andere zu übertragen.

Selbstsicherheit stärken

Bringen Sie sich in einen ressourcenvollen Zustand

Übung 22
3–5 min

Erinnern Sie sich an ein Gespräch, bei dem Sie mit sich zufrieden waren. Welcher Art es war, ob es im Berufsleben oder privat stattfand, ist unerheblich. Unabhängig von Inhalt und Ergebnis dieses Gesprächs: Womit haben Sie zum Gelingen beigetragen? Notieren Sie dazu etwa drei Stichworte.

Lösung

Möglicherweise beziehen sich Ihre Stichworte auf folgende Grundbedingungen:

- Ihnen war deutlich bewusst, was Sie wollten.
- Sie haben durch Ihre wertschätzende Haltung eine gute Atmosphäre gefördert.
- Sie haben genau zugehört und sich vergewissert, ob Sie Ihr Gegenüber richtig verstanden haben.
- Sie haben sich klar ausgedrückt.
- Sie konnten gut wahrnehmen, was dem Gesprächsergebnis förderlich war, und Sie konnten flexibel reagieren.

Praxistipps

Eine ressourcenvolle Haltung bedeutet, dass Sie die Verbindung zu allen Fähigkeiten hergestellt haben, die nötig sind, um die vor Ihnen liegende Aufgabe zu bewältigen.

Wenn Sie sich Ihres Werts und Ihrer Kompetenz bewusst sind, befähigt Sie das zum Handeln, und Sie haben Zugriff auf Ihre Fähigkeiten. Sie sind innerlich frei, Anforderungen und Bedürfnisse anderer Menschen wahrzunehmen und darauf so zu reagieren, dass Sie auch Ihre eigenen berechtigten Bedürfnisse einbeziehen. Diesen Zustand können Sie durch Üben fördern.

Langfristig fördert ein pfleglicher Umgang mit sich selbst eine gesunde Selbstsicherheit und Authentizität, die Ihnen beispielsweise auch in schwierigen beruflichen Gesprächen Rückhalt bieten.

Senderperspektive	Empfängerperspektive
▪ Im Gespräch mit anderen strahlen Sie die Kompetenz und Erfahrung aus, die Ihnen präsent ist. ▪ Stärken Sie Ihre Selbstsicherheit, indem Sie sich bewusst machen, was Sie wissen und können.	▪ Sobald Sie sich Ihrer selbst sicher sind, sind Sie frei, die Anforderungen und Bedürfnisse Ihrer Umwelt wahrzunehmen. ▪ Ihr Denken und Handeln wird dadurch flexibler.

Fürsorglich zu sich selbst sein

Umgang mit äußerem Druck

Übung 23
10 min

Unübersichtliche Gesprächssituationen kommen immer wieder vor, entweder weil Sie selbst sich Druck machen oder weil Sie das Handeln anderer als drängend erleben. Um in einer solchen Situation aktiv handeln zu können, müssen Sie jedoch überhaupt wahrnehmen, dass Sie sich in einer Drucksituation befinden.

Erinnern Sie sich an ein Gespräch, in dem Sie unter Druck und Anspannung gerieten, vielleicht weil es Ihnen nicht so gut wie erwartet gelungen ist. Sie haben es aber trotzdem noch ordentlich zu Ende gebracht. Überlegen Sie, auf welche Art Sie es geschafft haben, den Überblick zu behalten und das Gespräch in Ihrem Sinn weiter zu steuern, und was Sie dazu getan haben – innerlich oder äußerlich – und schreiben Sie das bitte auf.

Lösung

Wahrscheinlich haben Sie auf die eine oder andere Art für Abstand gesorgt, denn dieser ist vor allem nötig, um unter Druck handlungsfähig zu bleiben. Hier finden Sie Möglichkeiten, in Gesprächssituationen förderliche Distanz herzustellen. Prüfen Sie, mit welcher Sie Ihr Repertoire erweitern möchten:

Körperlichen Abstand herstellen

- Einen Schritt zurücktreten; sich im Stuhl zurücklehnen
- Aufstehen, um z. B. ans Fenster zu gehen
- Eine Pause machen; auf die Toilette gehen
- Das Gespräch unterbrechen und vertagen
- „Krisenintervention", die immer effektiv ist: ausatmen!

Thematisch Abstand herstellen

- Den Stand der Dinge zusammenfassen
- An das Ziel des Gesprächs erinnern
- Den Bezug zur Realität herstellen (z. B. „Es ist jetzt 21 Uhr und wir müssen heute keine Entscheidung fällen.")
- Vorschlagen, zu einem anderen Thema überzugehen und das schwierige später noch einmal aufzugreifen

Mentalen Abstand herstellen

- Die Situation wie aus einer anderen Perspektive betrachten („Was würde ich darüber in einem Jahr denken?")
- Den Auftrag und die Zuständigkeiten innerlich klären: In welcher Rolle habe ich hier was zu tun und was nicht?
- Innerlich kurzzeitig aus der Situation heraustreten und ein angenehmes inneres Bild betrachten und dadurch entlastende Gefühle wecken
- Inneren Raum schaffen durch Rückfragen (wenn Sie sich von anderen direkt bedrängt fühlen)
- Zu sich selbst zurückkehren, ausatmen, den eigenen Körper bewusst spüren, Arme, Füße, Sitzfläche

Umgang mit innerem Druck

Übung 24

10 min

Können Sie sich an eine Situation erinnern, in der Sie sich auf konzentrierte, zielorientierte Arbeit eingestellt hatten und ein störendes Gefühl Ihnen immer wieder dazwischen funkte? Wie sind Sie damit umgegangen? Was waren die Konsequenzen für Ihr Arbeitsergebnis?

Lösung

Wenn Sie ein bedrängendes oder schmerzliches Gefühl spüren, machen Sie sich bewusst, was es ist. Oft handelt es sich um Ärger, Traurigkeit oder Verletztsein. Würdigen Sie dieses Gefühl, es ist ein Faktum. Und wenn Sie es übersehen, wird es Probleme machen wie ein Kind, um das man sich nicht kümmert. Folgendes können Sie tun:

- Schreiben Sie kurz auf, was Ihnen dazu in den Sinn kommt, Stichworte oder Sätze, das entlastet Ihren Kopf.
- Finden Sie eine Möglichkeit, den damit verbundenen körperlichen Impulsen Ausdruck zu geben: Laufen Sie schnell die Treppen hinauf, ballen Sie die Fäuste und wenn Sie allein sind, können Sie auch fest auf den Boden stampfen, kurz schreien oder laut jammern.

Mit diesen kurzen Aktionen entlasten Sie sich emotional und können sich in einer schwierigen Situation wieder arbeitsfähig machen. Bestimmen Sie aber einen Termin, zu dem Sie sich diesem unangenehmen Gefühl uneingeschränkt widmen, indem Sie, je nachdem was Ihnen hilft, es gründlich durchdenken oder mit anderen besprechen.

Wird ein Gefühl, das Sie beeinträchtigt, auf diese Weise gewürdigt, können Sie es eine Zeit lang zurückstellen und sich Ihrem Tagesgeschäft widmen. Übersehen und negieren Sie es aber, wird es unterschwellig sehr viel Energie binden. Schlimmstenfalls bläht es sich auf und bricht unkontrolliert hervor – dann, wenn Sie es am wenigsten brauchen können.

Senderperspektive	Empfängerperspektive
▪ Wenn Sie unter innerem Druck stehen, teilt sich dieser auch Ihren Gesprächspartnern mit. Das kann negativen Einfluss auf die Gesprächsatmosphäre haben.	▪ Wenn Sie unter innerem Druck stehen, können Sie nur eingeschränkt zuhören und wahrnehmen, weil Sie damit beschäftigt sind, Ihre Gefühle zu kontrollieren.
▪ Wenn ein wichtiges Gespräch bevorsteht: Versetzen Sie sich vorab in einen aufnahmebereiten Zustand.	▪ Wenn ein wichtiges Gespräch bevorsteht: Versetzen Sie sich vorab in einen aufnahmebereiten Zustand.
▪ Wenn Sie während eines Gesprächs in Bedrängnis geraten, stellen Sie innerlich Distanz her.	▪ Wenn Sie während eines Gesprächs in Bedrängnis geraten, stellen Sie innerlich Distanz her.

Grenzen wahren

So bleiben Sie sicher bei Manipulationsversuchen

Übung 25
20 min

Nicht alle Gesprächspartner sind vorrangig an vernünftiger Zusammenarbeit und guten Arbeitsergebnissen interessiert. Manche heucheln, geben an und wollen ihre eigenen Interessen auf Ihre Kosten durchsetzen. Dazu werden in manipulativer Absicht Gesprächstechniken eingesetzt, die Sie einschüchtern oder verwirren sollen.

Bitte lesen Sie zuerst alle unten aufgeführten Beispiele und stellen Sie sich dann für jedes Beispiel eine Situation aus Ihrem Berufsleben vor, in der Sie etwas vorgeschlagen und als Entgegnung solch eine Formulierung erhalten haben.

Formulieren Sie dann eine Ihnen passend erscheinende, selbstsichere Antwort und schreiben Sie diese in wörtlicher Rede auf.

- Sie wollen doch nicht etwa behaupten, dass ...
- Wie können Sie nur ...?
- Wir wollen doch alle ...
- Wir wissen doch alle, dass ...
- In Wirklichkeit haben wir es doch mit ... zu tun.
- Das zeigt doch der gesunde Menschenverstand ...
- Es ist doch klar, dass ...
- Die professionellen Standards erfordern doch, dass ...

Lösung

Eine genau richtige Antwort, die für alle Situationen passt, gibt es bei unfairen Techniken nicht. Unten finden Sie einige Möglichkeiten zu reagieren, ohne sich von der eigenen Ansicht abbringen zu lassen.

Polemische Suggestiv-Fragen bauen eine Front auf: Sie unterstellen, die aufgestellte Behauptung sei ungewöhnlich, anstößig, falsch, auf jeden Fall nicht erwünscht.

Sie wollen doch nicht etwa behaupten, dass ...?
Antworten:

- Doch, das tue ich.
- Doch, das behaupte ich, und zwar weil ...

Wie können Sie nur ...?
Antwort: Sie scheinen das verwunderlich zu finden.

Angebliche Gemeinsamkeiten ziehen Sie in Positionen hinein: Es werden Ihnen gemeinsame Interessen, Meinungen oder Werte unterstellt.

Wir wissen doch alle, dass ...
Antwort: Nein.

Behauptete Tatsachen: Meinungen oder Allgemeinplätze werden als Tatsachen ausgegeben. Widersprechen Sie oder fragen Sie nach den Argumenten und Belegen.

In Wirklichkeit haben wir es doch mit ... zu tun.
Antwort: Können Sie das belegen?

Das zeigt doch der gesunde Menschenverstand ...
Antwort: Bitte nennen Sie Argumente.

Es ist doch klar, dass ...
Antwort: Was genau ist klar und warum?

Imponiergehabe: Ein Mangel an Argumenten wird durch vorgebliche Kennerschaft kaschiert durch vage Hinweise auf unterstellte gemeinsame Maßstäbe, Vorbilder oder Autoritäten.

Die professionellen Standards erfordern doch, dass ...
Antwort: Bitte sagen Sie präzise, worauf Sie sich beziehen.

Senderperspektive	Empfängerperspektive
Prüfen Sie, ob es ausreicht, die manipulative Äußerung zu ignorieren, falls nicht: – schaffen Sie sich Zeit zum Nachdenken, indem Sie nachfragen, oder – fordern Sie sachliche Argumente von Ihren Gesprächspartnern.	Unterscheiden Sie zwischen Meinung und Argument: Wenn jemand Sie mit Meinungen abspeisen will, anstatt zu argumentieren, oder Sie argumentativ vereinnahmen will, ist es am wichtigsten, diese Taktik zu bemerken. Entscheiden Sie, wie Sie reagieren wollen.

Wo liegen Ihre Stärken?

Wenn Sie zu denjenigen Menschen gehören, die schnell Widersprüche entdecken, können Sie mit Versuchen, Sie argumentativ zu bedrängen, gelassen umgehen. Sie sollten sich aber hin und wieder fragen, ob Sie selbst manche Gesprächspartner, besonders solche, die noch nicht selbstsicher genug sind, durch Ironie oder Äußerungen, die abschätzig klingen, gelegentlich in Bedrängnis bringen.

Wenn Argumentation noch nicht Ihre starke Seite ist, dann verlassen Sie sich auf Ihr Gespür für Unstimmigkeiten und nehmen Sie jedes Signal Ihres intuitiven Wissens ernst, das Sie auf unlautere Absichten anderer hinweist. Allein dies bewusst wahrzunehmen stärkt Ihre Selbstsicherheit.

Die Macht der Worte bewusst machen: integres Sprechen

Über andere reden

Übung 26
20 min

Bitte lesen Sie die nachfolgenden Beispielsätze und beobachten Sie, wie sie auf Sie wirken. Notieren Sie sich Ihre Reaktionen und überlegen Sie, welche Folgen solche Äußerungen haben können, für Sie selbst und für eine Zusammenarbeit mit den Personen, von denen die Rede ist.

Welche Begriffe kennzeichnen diese Art von Kommunikation? Wie denken Sie darüber?

- Frau Dr. Mainzer hat schon wieder einen neuen Wagen.
- Man sollte etwas dagegen unternehmen.
- Herr X. ist schon wieder krank. Hat er nicht begonnen, ein Wochenendhaus zu bauen?

Lösung

Die Sätze sind jeweils Beispiele für spezielle Arten indirekter Kommunikation, in aufsteigender Schädlichkeit:

- Flurfunk, Klatsch und Tratsch
- Unpersönliche Man-Sätze
- Unterstellung (Insinuation)

Klatsch und Tratsch gedeihen in allen Organisationen. Klatsch hat eine soziale Funktion, er wirkt als Ventil bei Unzufriedenheit und als verbindendes Thema. Über andere zu klatschen kann entlastende Wirkung haben, wie sie im Wort „ablästern" anklingt. Gravierende Unzufriedenheiten und Kritik klären Sie besser in einem direkten Gespräch.

Indirektes und unpersönliches Reden ist häufig einer vermeintlichen Sachlichkeit verpflichtet und wird gebraucht, um im Smalltalk nicht zu offensiv zu wirken. Solche Aussagen haben jedoch entscheidende Nachteile: Sie lassen im Unklaren, wer mit „man" gemeint ist, und sie vernebeln Verbindlichkeit und Verantwortlichkeiten, indem sie offen lassen, ob eine und wenn ja, welche Art von Aktivität daraus folgen wird oder sollte (siehe dazu die nächste Übung) .

Eine Unterstellung vermeidet klare Behauptungen, auf die man festgelegt werden könnte, wie z. B. „Das und das liegt im Argen. Hier ist etwas nicht in Ordnung." Eine besonders heimtückische Art, etwas zu unterstellen, verbindet zwei Tatsachenfeststellungen und überlässt es dann den Hörern, einen Schluss daraus zu ziehen. Seien Sie vorsichtig im Umgang mit Menschen, die so reden.

Formulieren Sie direkt und verbindlich

Übung 27
10 min

Wie könnten sich folgende unpersönliche Aussagen als direkte Aussagen anhören? Denken Sie sich jeweils einen Kontext aus und experimentieren Sie mit den Bedeutungsunterschieden.

- Man muss Selbstdisziplin üben.
- Was soll man davon halten?
- Man hat da ja einiges gehört.
- Man fragt sich, ob das falsch war.
- Man muss das nicht mitmachen.
- Man ist sich nicht sicher, was er meint.

Lösung

- Für Sie wäre es wichtig, mehr Selbstdisziplin zu üben.
- Ich weiß nicht, wie ich das einordnen soll.
- Ich habe gehört, dass ... Ist das richtig?
- Was halten Sie von dieser Entscheidung?
- Ich würde Ihnen raten, gut zu überlegen, ob Sie dabei mitmachen.
- Ich weiß nicht, was er meint.

Praxistipps

Ich-Botschaften – aber nicht exzessiv

Wenn Sie anderen ermöglichen wollen, Sie einzuschätzen und zu verstehen, sollten Sie sich nicht hinter allgemeinen Aussagen wie „man müsste", „man könnte" oder „man sollte" verstecken, es sei denn, Sie haben einen guten Grund dafür. Verfallen Sie aber auch nicht in das andere Extrem, indem Sie ausschließlich per Ich-Botschaften sprechen und Ihrer Umgebung durch das ständige Mitteilen Ihrer Meinung und Ihrer Befindlichkeit auf die Nerven gehen. In der Regel erleichtert direkte Kommunikation das Verstehen. Jedoch wird keine Regel Sie davon entheben, selbst einschätzen zu müssen, was jeweils in einer Situation am besten passt.

Vermeiden Sie es, über andere schlecht zu reden

Über andere schlecht zu reden geschieht aus Motiven wie Unachtsamkeit, Lust am Tratsch, um selbst besser dazustehen, um sich interessant zu machen oder durch gezielte Aggressivität. Wenn Sie jemanden über andere schlecht reden hören, müssen Sie befürchten, dass dieser Mensch auch über Sie schlecht redet. Auf diese Art wird Vertrauen abgebaut. Wenn Sie auf effektive und angenehme Zusammenarbeit Wert legen, dann vermeiden Sie es, anderen mit Worten zu schaden; Sie schaden sich dadurch selbst.

Machen Sie sich selbst nicht schlecht

Worte erzeugen Wirkungen – auch wenn Sie mit sich oder über sich selbst sprechen. Indem Sie sich schlecht machen, setzen Sie sich nicht nur in den Augen Ihrer Gesprächspartner herab, Sie verletzen sich auch selbst. Selbstbeschimpfungen wie „Ich bin aber auch ein ungeschicktes Etwas" oder „Das kann aber auch nur mir passieren" signalisieren Unterwürfigkeit. Auch wenn Sie es selbstironisch meinen, unterminieren Sie dadurch meist Ihre Kraft. Setzen Sie einen beschwichtigenden inneren Satz an die Stelle wie „Das kann schon mal passieren" oder „Fehler kommen vor – beim nächsten Mal mache ich es besser". Damit akzeptieren Sie, dass etwas nicht nach Ihren Vorstellungen gelaufen ist, und stärken sich dafür, das zu tun, was zu tun ist.

Wenn Sie lernen, mit sich selbst gnädig und fürsorglich umzugehen, fällt es Ihnen leichter, Selbstherabsetzungen zu stoppen. Das umfasst auch das Bewusstsein, erkannte Mängel nicht per Beschluss abstellen zu können. In Momenten, in denen Sie sich Ihrer Kraft und Ihres Könnens weniger bewusst sind, wird Ihnen Verständigung nicht immer gelingen.

Senderperspektive	Empfängerperspektive
▪ Sprechen Sie persönlich und lassen Sie erkennen, was Sie meinen und wozu Sie stehen. ▪ Reden Sie nicht schlecht über diejenigen, mit denen Sie zusammenarbeiten. Sie setzen damit Ihre eigene und die Achtung anderer aufs Spiel, vergiften die Atmosphäre, tragen zu einem Klima von Misstrauen bei und disqualifizieren sich selbst. ▪ Reden Sie ebenso wenig schlecht über sich selbst.	▪ Wenn Sie bei wichtigen Themen überschwemmt werden von unpersönlichen Äußerungen wie: „Man sollte …", „Man müsste …", „Man sieht doch …", fragen Sie nach der Position des Senders in dieser Sache. ▪ Lehnen Sie es ab, zuzuhören, wenn Ihnen negative Vermutungen und Unterstellungen über andere zugetragen werden. ▪ Wenn Ihnen zugemutet wird, Gerüchte anzuhören, sagen Sie, dass Sie das nicht wollen, notfalls verlassen Sie den Raum.

Leitlinien für direkte Kommunikation

- Sagen Sie nur, was Sie wirklich meinen.
- Sprechen Sie persönlich.
- Falls Sie über andere sprechen: Sagen Sie nichts, was Sie nicht auch in deren Gegenwart sagen würden.
- Sprechen Sie nie schlecht über sich selbst.

Arbeitsgespräche in Teams und Gruppen

In diesem Kapitel erfahren Sie,

- wie Sie mit klarer Orientierung und gutem Informationsfluss die Arbeitsfähigkeit eines Teams steigern können,
- worauf es bei einer gelungenen Präsentation ankommt und
- wie Sie Teambesprechungen zielorientiert leiten.

Darum geht es in der Praxis

Gesprächssituationen in Gruppen stehen im Fokus dieses Kapitels. Sie trainieren hier, Ergebnisse klar zu präsentieren und Besprechungen zügig zu leiten.

Unabhängig davon, ob Sie als Führungskraft oder als Teammitglied handeln: Nützlich ist, sich zunächst selbst darüber klar zu werden, was Sie in einer bestimmten Situation bewirken wollen. Und was die anderen Beteiligten dazu brauchen.

Sich in Gruppen orientieren

Was ist hier selbstverständlich?

Übung 28
5 min

Wahrscheinlich verbringen Sie einen großen Teil Ihrer Arbeitszeit zusammen mit anderen Menschen. Und vielleicht haben Sie schon einmal beobachtet, dass Menschen in Gruppen sich anders verhalten, als wenn Sie sie allein treffen.

Erinnern Sie sich an die allerersten Stunden, die Sie in einer Ihnen neuen Gruppe verbracht haben, z. B. in einem neuen Arbeitsteam, bei einer neuen Stelle, auf einer Messe oder auch zu Beginn eines Trainings, eines Seminars oder beim ersten Treffen einer Sportgruppe.

Wie haben Sie sich dabei gefühlt, neu zu sein und von den anderen Anwesenden (kaum) jemanden zu kennen? Was haben Sie gedacht? Welche Fragen haben Sie sich innerlich gestellt? Welche haben Sie denen gestellt, die schon vor Ihnen da waren?

Lösung

Derartige Situationen sind meist mit ein wenig Nervosität und Unsicherheit verbunden. Zu den Fragen, die Ihnen dann vielleicht durch den Kopf gehen, könnten gehören:

- Wer tut was, hat welche Aufgaben und Funktionen?
- Was an Arbeitsabläufen, Themen kenne ich?
- Wer ist besonders wichtig? Wessen Meinung zählt?
- Wie verhält man sich hier? Was muss ich tun oder darf ich nicht tun, um akzeptiert zu werden?

Praxistipps

Wenn Sie als neu Hinzukommender gute Arbeitsergebnisse einer Gruppe fördern wollen, beachten Sie, welche Normen herrschen. Falls Sie sich schon auskennen, können Sie Neue rasch integrieren, indem Sie deren unausgesprochene Fragen beantworten und die herrschenden Regeln erklären.

Was ist Ihre Stärke?

Wenn Sie neue Menschen und Gruppen genießen, können Sie das Arbeitsergebnis fördern, indem Sie Gruppenmitglieder einbeziehen, denen der Umgang mit vielen und unbekannten Menschen nicht so leicht fällt. Wenn Sie lieber allein arbeiten und sich nur notgedrungen in Gruppen begeben, sorgen Sie selbst dafür, sich damit nicht zu überfordern, sodass Sie zwischendurch für sich allein sein können. Wenn Sie damit von der Gruppennorm abweichen, erklären Sie den anderen, dass dies eine für Sie notwendige Arbeitsbedingung ist.

Öffentlich sicher auftreten

Ergebnisse präsentieren

Übung 29
10 min

Vor öffentlichen Auftritten Lampenfieber zu haben ist normal. Gestehen Sie sich diese Art von Angst ruhig zu. Sie ist da, Sie müssen hindurch und Sie werden lernen, sie zu regulieren, indem Sie sich an Gelegenheiten erinnern, in denen Ihnen ähnlich Schwieriges bereits gelungen ist.

Bitte erinnern Sie sich an Situationen öffentlicher Rede, die Sie erlebt haben, z. B. bei kleineren oder größeren Veranstaltungen, in Seminaren oder Fortbildungen, bei Festen.

- In welchen Situationen haben Sie besonders gern, konzentriert und aufmerksam zugehört? Notieren Sie die Umstände, an die Sie sich erinnern.
- Wenn Sie nun an andere Situationen denken, in denen Sie nicht gern oder nur mit Mühe zugehört haben, was hat dazu beigetragen? Notieren Sie die Bedingungen oder Verhaltensweisen des Redners oder der Rednerin.

Lösung

Neben persönlichen Vorlieben und Abneigungen, die Ihnen das Zuhören erleichtern oder erschweren können, treffen die folgenden Bedingungen für viele Menschen zu:

Was gutes Zuhören fördert	... und behindert
▪ Ein eigenes Interesse am Thema oder am Ergebnis ▪ Ein aufmerksamer, entspannter Zustand, der die eigene Konzentration ermöglicht ▪ Eine angenehme und die Aufmerksamkeit unterstützende Atmosphäre ▪ Passende visuelle Unterstützung des gerade Gehörten ▪ Wohlwollen oder Sympathie für die Redenden	▪ Innere Ablenkung (Beschäftigtsein mit eigenen Themen) ▪ Innerer Druck (Termindruck, Sorgen) ▪ Körperliche Bedürfnisse (Müdigkeit, Hunger, Durst, Harndrang) ▪ Latente Spannungen zwischen den Anwesenden ▪ Äußere Einflüsse (Ablenkung, Unterbrechungen, Zugluft, Krach) ▪ Verhaltensweisen des Vortragenden, die vom Inhalt ablenken (z. B. leises Sprechen, mangelnder Kontakt zum Publikum, unzureichende Visualisierung)

Übertragen Sie die Auswertung Ihrer Erfahrungen auf eine Präsentation: Einen großen Teil der Bedingungen, dass andere Menschen Ihnen zuhören, können Sie steuern. Sie haben Möglichkeiten, die Rahmenbedingungen zu gestalten, den Inhalt Ihrer Präsentation und Ihr Auftreten. Entlastend ist, daran zu denken, dass Sie nicht das komplette Geschehen steuern können: Die inneren Zustände anderer Menschen sind nur begrenzt beeinflussbar. Diese Erkenntnis schützt vor Frustration, falls Sie andere nicht erreichen – es muss nicht an Ihrem Auftritt liegen. Wenn ein Zuhörer Sie gerade grimmig anschaut, plagen ihn vielleicht Zahnschmerzen oder er macht sich Gedanken über ein unangenehmes Gespräch.

Praxistipps

Senderperspektive: Zwei unverzichtbare Voraussetzungen, Ihre Zuhörer wirksam zu erreichen: Sie wissen, wovon Sie reden. Sie sind an Ihrem Publikum wirklich interessiert.

Empfängerperspektive: Mit einem Teil Ihrer Aufmerksamkeit bei Ihrem Publikum bleiben, um reagieren zu können.

Was ist Ihre Stärke?

Wenn Sie viele Details eines Themas kennen und vermitteln möchten, dann denken Sie daran, für diejenigen Zuhörer, die zuerst einen Überblick brauchen, zunächst eine knappe Übersicht zu geben und zum Schluss die Inhalte noch einmal zusammenzufassen und zu gewichten. Wenn Sie ein Mensch sind, der vor allem einen Gesamteindruck vermitteln möchte, dann halten Sie für diejenigen, die an Zahlen, Daten und Fakten besonders interessiert sind, solches Material bereit und suchen Sie anschauliche Beispiele aus.

Besprechungen zielorientiert leiten

Teambesprechungen zielgerichtet leiten

Übung 30
30 min

1. Schritt: Skizzieren Sie bitte zunächst Ihre Organisation in Form eines Organigramms oder eines Mindmap: Welchen Zweck verfolgt sie (Dienstleistung für ..., Produktion von ...)? Welche Gruppen von Beteiligten gibt es (Kunden, Vertriebspartner, ...)? Wo sind Sie mit Ihren Aufgaben und Funktionen angesiedelt? Und an welchen Besprechungen nehmen Sie teil?

2. Schritt: Erinnern Sie sich nun an die letzten Besprechungen (etwa die letzten vier), an denen Sie beteiligt waren: Was war der Zweck der Besprechungen? Was haben diese Besprechungen dazu beigetragen, den Zweck Ihrer Organisation zu erreichen?

Schätzen Sie den Nutzen dieser Besprechungen auf den folgenden Skalen von 1 bis 10:

1 . . . . 10 Besprechungsart: ....

1 . . . . 10 Besprechungsart: ....

1 . . . . 10 Besprechungsart: ....

1 . . . . 10 Besprechungsart: ....

Dabei steht 1 für „vernachlässigbar" und 10 für „hervorragend, die Zwecke der Organisation unterstützend".

Listen Sie jetzt bitte auf, was Ihrer Meinung nach die Eigenschaften einer für das Unternehmen guten und für Sie nützlichen Besprechung sind.

Lösung

Kennzeichen einer nützlichen Besprechung:

- Allen Beteiligten ist das Ziel der Besprechung klar.
- Es sind nur Teilnehmer anwesend, die für das Erreichen dieses Ziels benötigt werden.
- Es gibt eine Tagesordnung, die allen gegenwärtig ist.
- Alle Beteiligten setzen sich dafür ein, das Ziel der Besprechung zu erreichen.
- Das Besprechungsklima ist konstruktiv und engagiert.
- Ergebnisse werden schriftlich festgehalten.
- Allen Anwesenden ist am Ende der Besprechung klar, welche Ergebnisse erzielt wurden und wie damit weiter verfahren wird.
- Die Besprechung ist fest terminiert, sie beginnt und endet pünktlich.

Praxistipps

Gute Besprechungen sind ein Mittel, um das Unternehmensziel zu erreichen. Der Hebelpunkt mit der größten Wirkkraft sind die Fragen „Warum sitzen wir hier zusammen?" und „Was soll nach der Besprechung anders sein als vorher?".

Auch als Teilnehmer können Sie viel zum Gelingen einer Besprechung beitragen: Stellen Sie sich und den anderen Beteiligten die Frage nach dem Besprechungsziel. Dies mag banal klingen, doch dieser Faktor geht im Trubel des Alltagsgeschäfts oft unter.

Komplexe Besprechungen gründlich vorbereiten

Übung 31
15 min

Ort: Eine selbstständige Buchhandlung mit 14 Mitarbeiterinnen und Mitarbeitern, der Schwerpunkt liegt im Internetbuchhandel. Auch bei der Sitzung an diesem Montag soll die wöchentliche Aufgabenverteilung besprochen werden.

Sören Siebel war in der vergangenen Woche bei einem auswärtigen Großkunden. Darüber will er berichten und Aufgaben, die er mitgebracht hat, verteilen.

Natalie Weiß wird einen Vortrag auf der Veranstaltung einer kooperierenden Unternehmensberatung halten und braucht für die Vorbereitung Unterstützung.

Thekla Sonnenborn hat vor, die Folgen der drohenden Aufhebung der Buchpreisbindung zu thematisieren, weil sie sieht, dass eine rechtzeitige Vorbereitung darauf für das Unternehmen überlebenswichtig ist.

Felix Manuola ist für den Personalbereich zuständig und würde gern seine Erfahrungen mit dem neuen Konzept der Mitarbeiter-Feedback-Gespräche mit den anderen reflektieren und seine Kollegen klar auf dieses Konzept verpflichten.

Stellen Sie sich vor, Sie gehören zu diesem Leitungskreis und hätten turnusgemäß die Aufgabe, diese Sitzung zu leiten. Ihre Vorbereitungszeit ist knapp. Wie bereiten Sie sich vor?

Lösung

Folgende Gesichtspunkte sind unerlässlich:

Sie haben das Ziel der Sitzung klar vor Augen und schriftlich fixiert, z. B.: „Um 12 Uhr haben wir die Feinplanung der Woche beendet, und das bedeutet

- die Prioritäten für die Aufgaben dieser Woche festgelegt,
- die damit verbundenen Aufgaben verteilt und
- die dafür nötigen Mitarbeiter mit geschätzten Zeitkontingenten zugeordnet."

Sie haben sich selbst klar gemacht, was Ihr eigenes Besprechungsziel ist (da Sie ja gleichzeitig die Besprechung leiten und inhaltliche Interessen vertreten) und was genau Sie von Ihren Kollegen brauchen, um Ihren Job gut zu erledigen.

Sie haben dafür gesorgt (durch eine eingespielte Routine oder durch Nachfragen), dass Sie schon am Freitag die Besprechungswünsche Ihrer Kollegen kennen und ordnen sie den verschiedenen Kategorien zu:

- Sören Siebel geht es darum, dass alle seine Informationen über den wichtigen Kunden zur Kenntnis nehmen. Davon abgesehen müssen Sie entscheiden, wie Sie das Personal für die mitgebrachten Aufgaben einsetzen.
- Natalie Weiß braucht Ideen für ihren Vortrag, es geht um Meinungsbildung, welche Geschichten aus Ihrer Firma beim Publikum imagewirksam ankommen werden.

- Thekla Sonnenborns Thema soll eine spätere Entscheidung vorbereiten.
- Felix Manuola wünscht sich Reflexion, will aber auch auf die klare Entscheidung hinaus, dass das eingeführte Konzept von allen umgesetzt wird.

Praxistipps

Welcher Tagesordnungspunkt erfordert welche Aktivität? Benennen Sie – für alle sichtbar und hörbar – was die Teilnehmer tun sollen: Informationen anhören, Ideen sammeln, Meinung bilden, Entscheidungen treffen.

Wenn allen klar ist, was von ihnen erwartet wird, vermeiden Sie unnützes Reden. Außerdem ist es nützlich, folgende Rahmenbedingungen zu beachten:

- eine Tagesordnung zu erstellen,
- die Rahmenbedingungen (Raum und Zeit) zu überprüfen, soweit sie bei Routinebesprechungen nicht festliegen,
- zu Ihrem Thema Unterlagen oder Präsentationen vorzubereiten und
- die Beschlusskontrolle der vorigen Sitzung vorzunehmen.

Schwierige Gespräche erfolgreich führen

In diesem Kapitel erfahren Sie, wie Sie

- Kritik souverän anhören und konstruktiv äußern,
- unangenehme Nachrichten mitteilen und
- mit Beschwerden kompetent umgehen.

Darum geht es in der Praxis

Die Inhalte dieses Kapitels verbindet, dass sie Druck, Angst, Nervosität oder andere starke Gefühle auslösen können, und zwar sowohl bei Ihnen als auch bei Ihren Gesprächspartnern.

Unter diesen Umständen besteht Ihre Sozialkompetenz darin, die Sach-Logik der betrieblichen Belange mit der Psycho-Logik der beteiligten Akteure zu verbinden. Sie finden hier Trainingsmöglichkeiten für Situationen, in denen Sie mit Kritik, Konflikten, Angriffen oder Reklamationen konfrontiert sind.

Sie können durch die Übungen in diesem Kapitel auch lernen, sich abzugrenzen und auf vorhersehbare Reaktionen vorzubereiten.

Kritik souverän anhören

Kritik annehmen können

Übung 32
10 min

Durch Kritik geraten viele Menschen in innere Bedrängnis, doch: Fehler kommen vor. Und die Ungelegenheiten, die durch Fehler und Missverständnisse verursacht werden, waren dann nicht vergeblich, wenn alle Beteiligten daraus lernen. Zu sozialkompetentem Verhalten im Beruf gehört, Kritik annehmen zu können, ohne beleidigt zu sein, und Kritik so zu äußern, dass sie die Zusammenarbeit vorwärts bringt.

Durch welche Verhaltensweisen können Sie, wenn Sie kritisiert werden, angemessen reagieren und eine gute Zusammenarbeit fördern? Erinnern Sie sich an die Grundvoraussetzungen gelungener Kommunikation, die Sie bisher trainiert haben, und notieren Sie die Verhaltenweisen, die Sie für wichtig halten.

Lösung

Kritik zu hören ist eine alltägliche Gesprächssituation: Eine andere Person teilt Ihnen etwas mit, um ein bestimmtes Ergebnis oder Verhalten zu erreichen. Wer Kritik annehmen kann, zeigt Souveränität. Fehler kommen vor. Wenn Sie, anstatt z. B. abzuwiegeln, wahrnehmen, was ein anderer wahrgenommen hat, ist das der erste Schritt, um Fehler künftig zu vermeiden. Es geht also für Sie zunächst einmal um genaues Verstehen. Bei jeder Kritik ist es wichtig,

1 gut zuzuhören,
2 erst dann die eigene Antwort zu überlegen, wenn Ihr Gegenüber ausgeredet hat,
3 den Sachverhalt zu klären, indem Sie genau nachfragen und sich vergewissern, dass Sie richtig verstanden haben, was Ihr Kritiker genau meint und will,
4 gemeinsam eine geeignete Lösung zu verabreden.

Praxistipps

Besonders im beruflichen Umfeld ist Kritik nur selten wirklich persönlich gemeint. Meist bezieht sie sich auf Ihr Verhalten oder Ihre Arbeitsergebnisse. Auch wenn Sie innerlich unwillkürlich mit Ärger, Schreck oder Gekränktsein reagieren, aktivieren Sie Ihre nüchterne Beurteilungskraft und schauen Sie auf das, was die Kritik erreichen soll.

Wie Sie zuhören und wie Sie mit Kritik umgehen, hängt miteinander zusammen. Zuhören kann unaufmerksam, gleichsam mechanisch erfolgen: während Sie z. B. ungeduldig abwarten, dass Sie selbst etwas sagen können, oder sich schon Ihre Antwort zurechtlegen. Das ist normal und in entspannten Situationen ausreichend – nur Weise können unentwegt aufmerksam sein.

Besonders in Kritiksituationen ist es nützlich, auf innere Nebenschauplätze zu verzichten. Wenn Sie also in entspannten Situationen innerlich bewusst auf „Zuhören" umschalten, trainieren Sie Ihre Fähigkeit, auch unter erschwerten Bedingungen Ihre Reaktionen zu steuern.

Gefühle bei Kritik wahrnehmen

Übung 33
20 min

Erinnern Sie sich bitte an einen Anlass, bei dem Sie kritisiert wurden. Wer die Kritik ausgesprochen hat, ist unerheblich – ein Kollege, Ihre Chefin, Ihr Partner oder eine Nachbarin.

Lassen Sie nun vor Ihrem inneren Auge die Szene ablaufen: Wo fand sie statt? Wer war dabei? Was war vorausgegangen? Schreiben Sie, was Ihnen einfällt, in Stichwörtern auf.

Und nun richten Sie Ihre Aufmerksamkeit auf das in dieser Aufgabe Wichtigste: Wie ist es Ihnen innerlich dabei ergangen? Was haben Sie gedacht, was gefühlt, als Sie die kritischen Worte über sich hörten? Welche Impulse hatten Sie? Und wie haben Sie dann reagiert?

Schreiben Sie etwa zehn Stichwörter zu Ihren inneren Reaktionen auf Kritik auf und notieren Sie, wie Sie sich diese Empfindungen erklären.

Lösung

Wahrscheinlich haben Sie sich an unangenehme Gefühle und Gedanken erinnert, möglicherweise stehen einige dieser im Folgenden genannten Reaktionen auf Ihrer Liste:

- Unbehagen, Ärger, Ungeduld
- Erschrecken, Angst, Panik, schnelleres Atmen
- Blut, das in den Kopf steigt
- Der Impuls, das kritisierte Verhalten abstreiten zu wollen

- Weghören oder aus dem Raum gehen wollen
- Inneres Rechtfertigen
- Das Gefühl, etwas falsch gemacht zu haben
- Schuldbewusstsein
- Sich klein und mickrig vorkommen
- In sich zusammensinken
- Wut auf den anderen, der Impuls laut zu werden

Praxistipps

Vielleicht sind Ihnen aber auch Sätze eingefallen wie: „„Bloß das jetzt nicht!", „Das will ich gar nicht hören", „Na und! Das ist doch nicht schlimm." Solche und ähnliche Reaktionen teilen Sie mit vielen anderen Menschen. Sie entstehen, wenn jemand sich bedroht fühlt.

Und häufig wird Kritik persönlich genommen und automatisch, das heißt schneller, als wir denken können, mit Bedrohung gleichgesetzt. Menschen reagieren auf Bedrohung mit Angriff, Flucht oder Erstarren. Dieses evolutionär erworbene Programm schützt in lebensbedrohlichen Situationen, engt jedoch Ihre Handlungsfähigkeit erheblich ein: Sie können nicht so gut entscheiden, welche Informationen Sie vielleicht noch brauchen, um vernünftig reagieren zu können. Und schlimmer: Ihre verbale Verteidigung wird von Ihrem Kritiker rasch gleichfalls als Angriff empfunden und schon erzeugen Sie beide – unbeabsichtigt – eine sich emotional aufheizende Spirale von Angriff und Gegenangriff.

Neues Denkprogramm

Übung 34
15 min

Sich bei Kritik angegriffen zu fühlen, ist also aus biologischen Gründen weit verbreitet – diese Reaktionen zu steuern ist eine zivilisatorische Leistung. Wenn Sie lernen, diese automatischen Reaktionen zu kontrollieren, erwerben Sie kommunikative Kompetenz. Sie können trainieren, das reflexartig auftretende Bedürfnis, sich auf der Stelle zu verteidigen, aufzuschieben.

1. Stellen Sie sich noch einmal ganz detailliert eine Situation vor, in der Sie kritisiert werden.
2. Wenn Sie Ihre üblichen inneren Reaktionen auf Kritik lebhaft spüren, verweilen Sie einen Moment dabei und nehmen Sie sie genau wahr.
3. Schalten Sie jetzt ein neues inneres Denkprogramm ein, zunächst nur eine Haltung innerer Neugier, die beispielsweise sagt: „Aha, so fühlt sich das also an."
4. Und nun stellen Sie sich vor, Sie schieben alle diese Gedanken sanft zur Seite, etwa mit dem inneren Satz: „Okay, das erschreckt mich jetzt. Aber ich will doch erst einmal wissen, um was genau es geht."

Gehen Sie diese vier Schritte mehrmals innerlich durch.

Lösung

Jetzt, nachdem Sie Ihre inneren Abläufe bei Kritik genau erkundet haben, können Sie sich vielleicht vorstellen, dass das Regulieren dieses kleinen inneren Aufruhrs Sie so beschäftigt, dass Sie währenddessen nicht aufnehmen, was Ihr Kritiker gerade sagt. Das führt dann leicht zu Missverständnissen, die in emotional aufgeladenen Situationen – und Kritik ist immer mit Emotionen verbunden – verschärfend wirken können. Sie können sich mental auf unvorhergesehene Kritiksituationen vorbereiten, wenn Sie diese einige Male im Kopf durchspielen. Die Wirkung erfahren Sie, wenn Sie das nächste Mal überraschend kritisiert werden. Dann ist eine zusätzliche neue Reaktionsweise angebahnt, die Sie jedes Mal verstärken, wenn Sie sie nutzen: Sie haben Distanz gewonnen und können auf Wahrnehmen und Zuhören umschalten. Diese Methode nennt man Mental-Training. Sie wird auch im Hochleistungssport angewandt. Das mentale Training wirkt, wie jedes andere Training, durch die stetige Wiederholung.

Praxistipp: Trainingsprogramm

- Mit welcher Art von Kritiksituation wollen Sie besser umgehen lernen?
- Wer kritisiert Sie in dieser Situation?
- Wie genau wollen Sie stehen oder sitzen, wie Ihr Gegenüber ansehen?
- Welche Fragen wollen Sie stellen, um genau zu erfahren, was Sie besser machen können?
- Mit welchen Worten bedanken Sie sich für die Kritik?

Was ist Ihre Stärke?

Auch Kritiksituationen werden von verschiedenen Menschen ganz unterschiedlich erlebt.

Wenn Sie überwiegend sehr nüchtern urteilen, macht es Ihnen wahrscheinlich weniger aus, kritische Bemerkungen über sich zu hören. Dann sollten Sie daran denken, dass andere Menschen gerade auf Kritik ganz anders reagieren können, und besonders aufmerksam sein, wenn Sie in der Rolle des Kritikers sind: Was Sie als knappes, sachliches Feedback einordnen, löst bei Ihrem Gegenüber vielleicht heftige emotionale Reaktionen aus, die Sie nicht erwartet haben.

Reagieren Sie eher emotional, manchmal auch leicht beleidigt auf Kritik, können Sie üben, angemessener damit umzugehen. Kritik ist nicht zwangsläufig als persönlicher Angriff gemeint. Lernen Sie, persönliche und sachliche Anteile einer Kritik zu unterscheiden, und konzentrieren Sie sich im beruflichen Umfeld auf den sachlichen Aspekt der Kritik.

Wenn andere Sie kritisieren, heißt das nicht, dass sie Sie nicht mögen. Auch Menschen, die Sie als Person sehr schätzen, können Grund dazu haben, mit Ihren Arbeitsergebnissen oder einzelnen Verhaltensweisen unzufrieden zu sein, oder Verbesserungsmöglichkeiten sehen, die Ihnen und dem Betrieb nützen könnten. Klären Sie auf jeden Fall genau, was Ihre Chefin oder Ihr Chef, Ihr Kollege oder Ihre Kollegin von Ihnen braucht. Möglicherweise ist es weniger, als Sie zunächst meinen.

Konstruktiv Kritik üben

Kritik zur Verbesserung der Zusammenarbeit

Übung 35
5 min

Fehler kommen vor. Und wenn alle Beteiligten daraus lernen, waren die verursachten Ungelegenheiten nicht vergeblich. Sie investieren also gut, wenn Sie Ihre Energie nicht in den Ärger stecken: Angemessene Kritik ist Fehlervorsorge.

Allerdings wird niemand gern kritisiert und Kritik zu äußern ist ebenfalls für die meisten Menschen etwas Unangenehmes. Deshalb wird sie oft vermieden.

Bitte notieren Sie vier Aspekte dazu, was angemessene Kritik Ihrer Ansicht nach im Berufsleben bewirken soll.

Lösung

Kritik im Berufsleben dient dazu,

- Fehler und Fehlerquellen aufzudecken,
- Verbesserungsmöglichkeiten zu prüfen,
- Lösungen zu finden,
- zukünftigen Fehlern vorzubeugen.

Wenn Ihre Kritik diesen Zielen dient, ist sie wesentlicher Bestandteil eines wirksamen Qualitätsmanagements; sie hilft, gute Arbeitsergebnisse zu gewährleisten, und fördert ein Klima, das von respektvoller Zusammenarbeit geprägt ist.

Wie sieht Ihr Kritikstil aus?

Übung 36
10 min

Überprüfen Sie anhand Ihrer Erfahrungen, wie Sie sich verhalten, wenn Sie andere kritisieren. Bitte erinnern Sie sich an eine Situation in den letzten vier Wochen, in der Sie jemanden kritisiert haben, und beantworten Sie für sich folgende Fragen:

- Wie haben Sie kritisiert?
- Was haben Sie damit beabsichtigt?
- Wie, glauben Sie, hat Ihre Kritik auf Ihr Gegenüber gewirkt?
- Haben Sie Ihre Absicht erreicht?
- Haben Sie schon einmal ein Feedback zu Ihrem Kritikstil bekommen?

Lösung

Wenn Sie Kritik oft nicht aussprechen, vergeben Sie sich Möglichkeiten, gemeinsame Arbeitsergebnisse zu verbessern. Doch Ungesagtes brodelt unter der Oberfläche, bindet Energie und wirkt kontraproduktiv. Scheuen Sie sich deshalb nicht, klar und deutlich anzusprechen, was Sie an Verbesserungsbedarf sehen. Wenn Sie dazu neigen, alles, was als Kritik aufgefasst werden könnte, sehr vorsichtig zu äußern, dann sollten Sie nachfragen, wie Sie verstanden wurden. Vergewissern Sie sich, ob Ihre Äußerung überhaupt als Kritik wahrgenommen wurde. Im ersten Kapitel (S. 21) ist beschrieben, wie Sie überprüfen können, was von Ihrer Aussage angekommen ist.

Es gibt auch ein Zuviel an Kritik. Manche Menschen kritisieren ausführlich, gerade weil sie an die Konsequenzen fehlerhafter Arbeit denken und sich Sorgen machen, es könne etwas schief gehen. Falls dies Ihr Stil ist, machen Sie sich vor einer kritischen Äußerung klar, was Sie erreichen wollen. Klar und unmissverständlich einen Verbesserungsbedarf anzusprechen, ist nützlich. Doch hören Sie auf zu kritisieren, sobald der andere verstanden hat, was Sie wollen.

Praxistipps

Kritik wertschätzend äußern

Wie für Feedbacks gilt hier entsprechend: Wenn Sie Kritik äußern, transportieren Sie nicht nur den Sachinhalt. Ihre Einstellung wird mitgehört. In einem Klima gegenseitiger Achtung und Wertschätzung wird Kritik leichter angenommen, weil dem Betreffenden klar ist, dass sie der Verbesserung des gemeinsamen Arbeitsergebnisses dient.

Das Ziel der Kritik nennen

Richtet sich Ihre Kritik an jemanden, der sich durch Verbesserungsvorschläge persönlich gekränkt fühlt, weisen Sie ausdrücklich auf das Ziel der Kritik hin: Es geht um Verbesserung! Und überlegen Sie, wann Sie zuletzt Ihre Grundeinstellung ausgedrückt haben. Ein Mitarbeiter, der sich grundsätzlich geschätzt weiß, ist Kritik gegenüber offener.

Konstruktive Kritik in fünf Schritten

Übung 37

10 min

Versetzen Sie sich in die Lage eines Mitarbeiters einer großen Firma. Sie erwarten Gäste zu einer Besprechung, die in 15 Minuten beginnt. Als Sie den Besprechungsraum betreten, sehen Sie, dass er nicht ordentlich vorbereitet ist.

Bitte formulieren Sie Ihre konstruktive Kritik an die zuständige Person indem Sie sich an den fünf im Folgenden formulierten Schritten orientieren.

1 **Schritt**: Überprüfen Sie für sich, ob das, was Sie kritisieren wollen, durch Ihr Verhalten mitbedingt ist.

2 **Schritt**: Beschreiben Sie den Sachverhalt möglichst bald und beziehen Sie Ihre Kritik auf ein beobachtetes Verhalten oder auf eine geforderte Leistung.

3 **Schritt**: Drücken Sie danach erst Ihre Erwartung oder Ihr Bedürfnis aus, ohne Vermutungen, Verallgemeinerungen oder Vorwürfe.

4 **Schritt**: Präzisieren Sie, welches Verhalten Sie erwarten, und sagen Sie ganz konkret, welche Standards oder Vereinbarungen Ihr Gegenüber nicht erfüllt hat.

5 **Schritt**: Besprechen Sie, wenn nötig, die Auswirkungen des kritisierten Verhaltens und erarbeiten Sie, möglichst gemeinsam, Lösungsmöglichkeiten.

Lösung

Bezogen auf das obige Beispiel könnten Sie Ihre Kritik in folgenden fünf Schritten formulieren:

1 **Selbstüberprüfung**
Fragen Sie sich selbst, ob Sie klar und deutlich gesagt haben, dass Sie Besuch von außerhalb erwarten und dafür einen repräsentativen Besprechungsraum brauchen?

2 **Sachverhalt beschreiben gegenüber der zuständigen Person**
„Eben war ich im Besprechungsraum 2 und habe gesehen, dass er noch nicht fertig hergerichtet ist."

3 **Erwartung klar ausdrücken**
„Ich erwarte Gäste zur Sitzung um 14 Uhr und dieser Zustand entspricht nicht meinen Anforderungen."

4 **Präzisieren des erwünschten Verhaltens**
„Bitte sorgen Sie dafür, dass der Tisch gereinigt und eingedeckt wird, kalte und warme Getränke für sechs Personen zur Verfügung stehen und ein Block Flipchart-Papier bereitliegt."

5 **Lösungsmöglichkeit für die Zukunft und Bitte um Alternativvorschlag**
„Ich bitte Sie darum zukünftig, besonders wenn externe Gäste erwartet werden, dafür zu sorgen, dass der Raum eine Viertelstunde vor Beginn des Treffens fertig ist. Glauben Sie, dass das möglich ist, oder haben Sie einen anderen Vorschlag?"

Praxistipps

Kritik zeitlich begrenzen

Beschränken Sie die Dauer Ihrer Kritik auf maximal zwei Minuten, das fördert die Sachlichkeit. Hören Sie dann, was der andere zu sagen hat. Wenn Sie den Eindruck haben, mit zwei Minuten Zeit für die Kritik nicht auszukommen, sollten Sie sich klar machen,

- dass bezogen auf einen einzelnen Anlass zu viel Kritik mehr schadet als nutzt, auch weil Sie dann eher in Vorwürfe abgleiten könnten,
- dass es unfair und unwirksam ist, alle Verfehlungen der letzten Jahre anlässlich eines einzelnen Vorfalls auf den Tisch zu bringen,
- dass Sie möglicherweise so sehr mit eigenen Emotionen beschäftig sind, dass Sie diese erst einmal für sich oder mit wohlwollenden Dritten klären sollten,
- dass ein Grundsatzgespräch notwendig sein könnte; ein solches sollten Sie jedoch vorher ankündigen, sodass allen Beteiligten Vorbereitung möglich ist; sorgen Sie in diesem Fall für passende Rahmenbedingungen.

Selbstkritik qualifiziert Ihre Kritik

Kritik ist besonders dann wirkungsvoll, wenn sie von Menschen kommt, die zur Selbstkritik fähig sind. Wer bereit ist, das eigene Handeln überprüfen zu lassen, und wer am eigenen Verbesserungspotential arbeitet, kann mit personaler Autorität Kritik aussprechen.

Unangenehme Nachrichten mitteilen

Unveränderbare Entscheidungen übermitteln

Übung 38
10 min

Wenn Sie disziplinarisch oder fachlich für Kollegen verantwortlich sind, werden Sie unvermeidlich mit Umständen konfrontiert, die es von Ihnen erfordern, schlechte Nachrichten zu überbringen oder Unangenehmes aussprechen zu müssen. Im Folgenden geht es um Situationen wie

- Kündigungen aussprechen,
- Anträge auf Urlaub, Fortbildung ablehnen,
- Wünsche nach Gehaltserhöhung oder anderem Aufgabenzuschnitt ablehnen,
- Änderungen bei Zuständigkeiten mitteilen,
- unbeliebte Aufgaben zuteilen,
- andere auf unangenehme Eigenschaften hinweisen.

Bitte versetzen Sie sich nun in folgende Situation: Sie haben vor wenigen Wochen eine neue Stelle angetreten. Aus der Zeitung erfahren Sie, dass Ihr Unternehmen zehn Prozent der Mitarbeiter entlassen wird. Da Sie noch in der Probezeit sind, wissen Sie, dass Sie dazugehören werden.

Bitte notieren Sie in Stichworten, wie Sie über diese Tatsache informiert werden wollten.

Lösung

Wenn es darum geht, Nachrichten zu unveränderbaren Tatsachen zu übermitteln, die für den Empfänger von negativer Bedeutung sind, sollten Sie auf die folgenden Punkte achten.

- **So bald wie möglich:** Überbringen Sie die schlechte Botschaft so bald irgend möglich. Aufschub macht es für Sie nicht besser, für den Empfänger aber entscheidend schlechter.
- **Persönlich überbringen:** Schlechte Botschaften per E-Mail oder Brief mitzuteilen wird als Respektlosigkeit übel genommen. Auch wenn die Tatsachen hart sind und Sie selbst mitentschieden haben, stehen Sie dazu – ohne Rechtfertigung, z. B.: „Ich weiß, dass Ihnen das nicht gefallen wird. Sie werden versetzt. Und ich habe diese Entscheidung mitgetragen."
- **Fakten klar benennen:** Benennen Sie die Fakten klar und vergewissern Sie sich, ob die Nachricht angekommen ist. Wenn sie sehr gravierende negative Auswirkungen für den Empfänger mit sich bringt, äußern Sie ruhig Ihre eigenen Gefühle – kurz und ehrlich.
- **Emotionen ertragen:** Sie können nicht vorhersehen, welche emotionale Reaktion die Nachricht auslösen wird, Unglauben, Verleugnen oder Wut, nur dass der Empfänger emotional reagieren wird, ist gewiss. Ihre Aufgabe ist es jetzt, Platz zu lassen für diese innere Bewegtheit. Schon die Anerkennung, dass es berechtigt ist, emotional auf schlimme oder ungünstige Bescheide zu reagieren, deeskaliert die aktuelle Situation.

Unangenehme Eigenheiten ansprechen

Übung 39
5 min

Zu viel Parfüm, zu viel Schweiß, zu viel Mundgeruch: Wenn Menschen, mit denen Sie zusammenarbeiten, unangenehm riechen, ist die Mitteilung dieses Umstands zwar nicht unbedingt von unmittelbarer, einschneidender Bedeutung für das Leben des Empfängers. Gleichwohl können solche Eigenheiten den Prozess und das Ergebnis der gemeinsamen Arbeit beeinträchtigen, etwa bei einem Bühnenensemble. Wenn Sie etwas, das Sie stört, zur Sprache bringen, tragen Sie aktiv dazu bei, den Umgang miteinander angenehmer zu gestalten. Als Führungskraft können Sie gebeten werden, ein solches Problem anzusprechen.

Stellen Sie sich auch hier die Frage: Wie ginge es mir in einem solchen Fall? Wie wollen Sie selbst informiert werden? Versetzen Sie sich in die Lage, dass Sie, ohne es zu wissen, an Mundgeruch litten. Wie wollten Sie darüber informiert werden?

Lösung

Gegebenenfalls könnte Ihnen wichtig sein,

- dass Sie überhaupt informiert werden,
- dass die Einstellung desjenigen, der Ihnen die Mitteilung macht, besagt: „Das kommt vor, ist nichts Dramatisches“,
- dass Sie solch eine Mitteilung lieber von einer vertrauten Person hören.

Praxistipps

Womöglich empfinden Sie diese Themen als peinlich, weil menschliche Gerüche wie alle Ausscheidungen private Themen sind. Machen Sie sich jedoch klar, dass Ihre Mitteilung es dem Betroffenen ermöglicht, etwas zu ändern, was ihm unangenehm ist. Daher fällt es leichter, derartige Dinge anzusprechen, wenn man ein wenig miteinander vertraut ist. Finden Sie dabei unbedingt Ihre persönliche Formulierung. Die eigene Befangenheit überträgt sich weniger, wenn Sie sich vorab Ihre Einstellung klar machen: Es geht nicht um etwas Gravierendes, eher um einen – vielleicht sogar beiläufigen – Hinweis, für den der Adressat wahrscheinlich dankbar ist. Hier einige Anregungen:

- „Willst du ein Lakritz? Du riechst aus dem Mund."
- „Weiß du, dass du manchmal stark nach Schweiß riechst? Jetzt zum Beispiel."
- „Ihr Schweiß riecht sehr stark. Ich sage Ihnen das, damit Sie etwas dagegen tun können."

Wahrscheinlich wird die Antwort sein: „Danke, dass Sie mich informiert haben."

Falls Sie selbst befürchten, Ihre Mitmenschen durch Gerüche zu stören, gehen Sie offensiv vor: „Zurzeit besteht bei mir die Gefahr von Mundgeruch. Bitte, machen Sie mich darauf aufmerksam, falls Sie das einmal bemerken, ich werde dann ein Pfefferminzbonbon lutschen."

Was Sie bei Beschwerden tun und lassen sollten

Reklamationen begrüßen

Übung 40
15 min

Beschwerden und Reklamationen sind Ihnen vielleicht unangenehm, doch bei keiner anderen Gelegenheit erhalten Sie wertvollere Informationen, die in jedem Unternehmen zur Kundenbindung und für Verbesserungen genutzt werden sollten.

Erinnern Sie sich an eine Reklamation, die Sie als Kunde ausgesprochen haben, und erarbeiten Sie ausgehend von Ihren eigenen Erfahrungen, welches Verhalten den reklamierenden Kunden und Ihrer Organisation nützt.

Teilen Sie dazu ein Din-A4-Blatt in zwei Spalten:

- Schreiben Sie in die linke Spalte, welches Verhalten nicht gut wirkt.
- Schreiben Sie in die rechte Spalte, welche Verhaltensweisen dazu beitragen, einen reklamierenden Kunden zufrieden zu stellen.

Lösung

Wenn eine Reklamation oder Beschwerde bei Ihnen ankommt, sollten Sie nicht automatisch zurückschrecken, sich reflexhaft rechtfertigen, an jemand anderen verweisen oder sagen, Sie seien nicht schuld oder nicht zuständig. Stattdessen nehmen Sie Reklamationen ernst, indem Sie die Kostbarkeit einer ungeschminkten Rückmeldung wertschätzen.

Was kompetent wirkt

- Aufmerksam zuhören und präzisierend nachfragen
- Wiederholen, was Sie verstanden haben
- Sagen, dass es Ihnen leid tut, dass der Kunde Unannehmlichkeiten hatte
- Dafür sorgen, dass der reklamierte Sachverhalt falls möglich sofort geändert wird
- Die Verantwortung übernehmen, dass eine Beschwerde, der nicht sofort entsprochen werden kann, an der richtigen Stelle landet und dort auch bearbeitet wird
- Sich dafür bedanken, dass der Kunde seine Unzufriedenheit ausgesprochen hat
- Den Kunden nach seinen Verbesserungsvorschlägen fragen

Was nicht gut wirkt

- Den Kunden unterbrechen, ihm ins Wort fallen
- Ärgerlich, ungehalten, wütend oder aggressiv werden
- Sagen, Sie seien nicht zuständig; abwimmeln oder sofort an jemand anderen verweisen

- Sagen, das könne doch gar nicht sein, abwiegeln oder bagatellisieren
- Sagen, der Kunde selbst sei schuld; sich rechtfertigen
- Schuld zuweisen: Kollegen, anderen Abteilungen, dem Computer oder voreilig die Schuld auf sich nehmen
- Mit Phrasen oder Besserwisserei reagieren

Praxistipps

Umgang mit Reklamationen üben

Überlegen Sie, welche Verhaltensweisen Sie schon umsetzen und welche Sie noch verbessern möchten.

- Schalten Sie um auf bewusstes Zuhören: Nehmen Sie die Beschwerde nicht persönlich, sondern als Ansporn herauszufinden, was der Kunde wirklich will.
- Würdigen Sie das Anliegen des Kunden ausdrücklich: Wenn Sie davon ausgehen, dass er gute Gründe hat und ihm dieses bestätigen, schaffen Sie die Basis, mit der Beschwerde konstruktiv umzugehen.
- Fragen Sie genau nach, um gemeinsam mit demjenigen, der sich beschwert, das Problem zu erkennen und die Lösungsmöglichkeiten zu eruieren.

Warum Reklamationen dem Unternehmen nützen

Beschwerden und Reklamationen sind ein hochpotentes Werkzeug, um Ihre Leistungen und die Ihrer Organisation kontinuierlich zu verbessern. Durch keine Kundenbefragung bekommen Sie solch genaue Auskünfte wie durch Kunden, die Ihnen aus aktuellem Anlass mitteilen, was schief gehen kann und was ihre Unzufriedenheit ausgelöst hat.

Reklamieren ist aufwendig – doch ein Kunde, der sich beschwert, nimmt diesen Aufwand auf sich. Daran sollten Sie denken, wenn Sie eine Beschwerde entgegennehmen.

Stichwortverzeichnis

Abstand 77
Agenda 35
Aktives Zuhören 39
Argumentieren 64
Ausstrahlung 74
Automatische Reaktion 108 f.

Begrüßung 65, 93
Behauptungen 82
Beschwerden 122
Besprechungen 35, 65, 98, 100

Denkprogramm 109
Distanz 77
Druck 77

Einwände 25
Emotionen 40, 79, 106 f., 119
Entscheiden 102, 118

Feedback 56, 59
Fragearten 45, 51, 53

geschlossene Fragen 48
Gesprächseröffnung 65, 93
Gesprächshürden 31
Gesprächsabschluss 67
Gestik 14

Ich-Botschaften 88
Ideen sammeln 102
Informieren 16, 19, 102
innere Bilder 73
Integrität 85
Interessen vertreten 62

Lampenfieber 95

Klatsch 85
Kommunikationshürden 12

Kontrolle 30
Körpersprache 71, 77
Kritik 105, 109, 112, 115

Manipulation 81
Meinungsbildung 102
Mimik 14

Nachbereitung 29

offene Fragen 48, 50
öffentliche Rede 95

Positionen würdigen 43
Position beziehen 62
Präsentieren 95

Reaktion 108
Ressourcen 75

Schweigen 18
Selbstkontrolle 30
Sender-Empfänger-Modell 13
somatische Marker 73
Souveränität 105
Strukturieren 65
Suggestiv-Fragen 82

Umsetzung 25, 29
unangenehme Eigenheiten 120
Unterstellung 85

Verhandeln 62
Wertschätzen 43, 60, 75, 114, 123
Warm-up 65

Ziele 37, 63, 114
Zielorientierung 52, 98
Zuhören 39
Zusammenarbeit 112
Zusammenfassen 66

Die Autorin

Christine Scharlau

ist Diplom-Soziologin, arbeitet als Organisationsberaterin, Coach und Supervisorin. Sie berät Firmen im Bereich Team- und Qualitätsentwicklung, Einzelpersonen in Karriere- und Lebensfragen. Sie bietet Seminare u. a. zu Kommunikation und sozialer Kompetenz sowie Coachingseminare zur beruflichen Entwicklung an.

Internet: www.christinescharlau.de

Systemvoraussetzungen für die CD-ROM
Microsoft Windows ® 2000 SP4, XP SP2, 2003, Vista; Ab Pentium ® III Prozessor oder Kompatible ab 500 MHz ; 256 MB Hauptspeicher; Grafikauflösung mind. 1024 x 768; 16 Bit Farbtiefe; 150 MB Festplattenspeicher; CD-ROM-Laufwerk.

So installieren Sie die CD-ROM:
Legen Sie die CD-ROM in das Laufwerk Ihres PCs.
Wählen Sie über das START-Menü den Punkt „Ausführen". Geben Sie im „X:/setup" ein (wobei X der Buchstabe Ihres CD-ROM-Laufwerks ist) und bestätigen Sie die Eingabetaste.
Die Installation wird gestartet. Folgen Sie einfach der Anleitung des Programms.

TaschenGuides – Qualität entscheidet

Bereits erschienen:

Der Betrieb in Zahlen

- 400 € Mini-Jobs
- Balanced Scorecard
- Betriebswirtschaftliche Formeln
- Bilanzen
- Buchführung
- Businessplan
- BWL Grundwissen
- BWL kompakt – die 100 wichtigsten Fakten
- Controllinginstrumente
- Deckungsbeitragsrechnung
- Einnahmen-Überschussrechnung
- Finanz- und Liquiditätsplanung
- Die GmbH
- IFRS
- Kaufmännisches Rechnen
- Kennzahlen
- Kleines Lexikon Rechnungswesen
- Kontieren und buchen
- Kostenrechnung
- Kleine mathematische Formelsammlung
- VWL Grundwissen

Mitarbeiter führen

- Besprechungen
- Führungstechniken
- Die häufigsten Managementfehler
- Management
- Managementbegriffe
- Mitarbeitergespräche
- Moderation
- Motivation
- Projektmanagement
- Spiele für Workshops und Seminare
- Teams führen
- Zielvereinbarungen und Jahresgespräche

Karriere

- Assessment Center
- Existenzgründung
- Gründungszuschuss – Erfolgreich in die Selbstständigkeit
- Jobsuche und Bewerbung
- Vorstellungsgespräche

Geld und Specials

- Die neue Rechtschreibung
- Eher in Rente
- Energieausweis
- IGeL – Medizinische Zusatzleistungen
- Immobilien erwerben
- Immobilienfinanzierung
- Sichere Altersvorsorge
- Geldanlage von A-Z
- Web 2.0
- Zitate für Beruf und Karriere
- Zitate für besondere Anlässe

Persönliche Fähigkeiten

- Allgemeinwissen Schnelltest
- Ihre Ausstrahlung
- Business-Knigge – die 100 wichtigsten Benimmregeln
- Mit Druck richtig umgehen
- Emotionale Intelligenz
- Entscheidungen treffen
- Gedächtnistraining
- Gelassenheit lernen
- Glück!
- IQ – Tests
- Knigge für Beruf und Karriere
- Knigge fürs Ausland
- Kreativitätstechniken
- Manipulationstechniken
- Mathematische Rätsel und Knobelaufgaben
- Mind Mapping
- NLP
- Peinliche Situationen meistern
- Schneller lesen
- Selbstmanagement
- Sich durchsetzen
- Soft Skills
- Stress ade
- Verhandeln
- Zeitmanagement